F. Houdaille

Docteur ès sciences
Professeur de physique et météorologie à l'École nationale d'Agriculture
de Montpellier

Les

Orages à grêle

et le

Tir des canons

AVEC 63 FIGURES DANS LE TEXTE

Paris, FÉLIX ALCAN, éditeur, 1901.

LES ORAGES A GRÊLE

ET

LE TIR DES CANONS

Chartres. — Imprimerie Durand, rue Fulbert.

LES
ORAGES A GRÊLE

ET

LE TIR DES CANONS

PAR

F. HOUDAILLE

Professeur de physique et météorologie
à l'École nationale d'agriculture de Montpellier
Docteur ès sciences

Avec 63 gravures dans le texte

PARIS
FÉLIX ALCAN, ÉDITEUR

ANCIENNE LIBRAIRIE GERMER BAILLIÈRE ET Cie

108, BOULEVARD SAINT-GERMAIN, 108

—

1901

LES ORAGES A GRÊLE

ET LE TIR DES CANONS

CHAPITRE PREMIER

LES TIRS CONTRE LA GRÊLE

HISTORIQUE DE L'ORGANISATION DES TIRS

Lorsqu'une idée nouvelle fait son chemin dans l'industrie ou en agriculture, il arrive assez souvent que plusieurs inventeurs en réclament la priorité. Aucun débat de ce genre ne s'est élevé dans la recherche du créateur de la pratique des tirs contre la grêle et tout le monde est d'accord pour en rapporter le mérite à M. Albert Stiger, propriétaire et maire de Windisch-Feistritz, qui a le premier songé à appliquer méthodiquement sur son vignoble en Styrie (Autriche-Hongrie) la défense contre la grêle par le tir du canon[1].

De temps immémorial, en France et en Italie on sonne les cloches pour conjurer les orages. Dans diverses provinces de l'Autriche, en Tyrol, Carinthie, Carniole, les paysans ont depuis des siècles l'habitude

---

1. M. Stiger avait été si fréquemment grêlé avant 1896 à Windisch Feistritz, qu'il n'avait pas hésité cette même année à recouvrir deux hectares de son vignoble d'un filet à mailles assez serrées pour protéger les ceps contre les chutes de grêle.

de tirer des coups de fusil pour éloigner le mauvais temps.

Un physicien français de Jacour proposait dès 1760 à l'article *orage* inséré dans l'Encyclopédie l'installation de stations de tirs pour lutter contre les orages à grêle, et Arago rapporte dans son mémoire sur le tonnerre publié vers 1769 que le marquis de Chevriers dans sa propriété de Vaurenard (Mâconnais) brûlait chaque année 100 à 150 kilogrammes de poudre de mine pour se défendre de la grêle. Au commencement du XIXᵉ siècle, plusieurs communes du Mâconnais, Vaurenard, Azé, Romanèche, Fleury, employaient des mortiers avec charge atteignant 500 grammes de poudre pour éloigner la grêle. Cette coutume a survécu dans quelques localités de la même région, mais à l'état de tirs isolés sur certains points du vignoble.

On avait fait remarquer aussi depuis longtemps déjà que les grandes batailles avaient été fréquemment suivies de pluies abondantes ; tel fut le cas pour les journées de Dresde, d'Eylau et d'Hohenlinden, d'Inkermann, de Puebla, de Magenta. M. Powers avait fait les mêmes observations à propos de la guerre de Sécession, en Amérique, et il rapporte dans son livre *War and the Weather*, la *guerre et l'atmosphère,* que chacune des 198 batailles livrées a été suivie d'une chute de pluie.

Il y a quelques années, en 1891, on annonçait que l'on venait de trouver en Amérique le moyen de faire pleuvoir. L'opinion publique s'en émut jusqu'en France et l'on apprit bientôt qu'un général américain, le général Dyrenforth, s'inspirant des constatations de Powers, s'était proposé d'entreprendre, à coups de canon, la lutte contre le ciel et les nuages. Le problème étudié par le général Dyrenforth fut exposé devant un Congrès américain, qui vota une somme de

10 000 francs, plus tard portée à 45 000, pour frais de recherches. Les expériences furent poursuivies, au Texas, pendant plusieurs mois, avec méthode, par une Commission du Congrès. Elles montrèrent que la pluie venait quelquefois avec le canon, qu'elle tombait peut-être encore plus souvent sans son secours et qu'il n'était pas très facile de faire pleuvoir à volonté. On constata cependant, après plusieurs tirs opérés par un ciel nuageux, la chute de légères ondées, mais on jugea le résultat obtenu insuffisant pour couvrir les frais de l'expérience.

A la suite de ces expériences faites en Amérique, M. Bombicci, professeur de minéralogie à l'Université de Bologne (Italie), reprenait une idée qu'il avait déjà exposée, dès 1880, puis en 1884, dans une conférence à l'Athénée vénitien et conseillait de lutter contre la grêle, en empêchant sa formation, ou plutôt en s'opposant au grossissement des grêlons. M. Bombicci écrivait en 1884 : *Mi facio coraggio e dico la mia idéa: Fulminare il nembo prima che esso divenga flagellatore :* « J'ai le courage de dire toute ma pensée ; il faut foudroyer le nuage avant qu'il ne nous frappe ». En 1891, M. Bombicci proposait à ses compatriotes de répéter les expériences faites au Texas pour obtenir la pluie en les appliquant à la protection des récoltes contre la grêle.

On reproche quelquefois aux savants d'être en retard sur les applications pratiques de leur science. Un tel reproche ne saurait être adressé à M. Bombicci, le savant organisateur du splendide musée minéralogique de Bologne. Auteur d'une remarquable théorie sur la cristallisation sphéroédrique des substances minérales et de l'eau en particulier, M. Bombicci appliquait aussitôt les notions scientifiques acquises sur ce sujet à la transformation possible du grêlon meurtrier en

grésil inoffensif et nous ne résistons pas au plaisir de
traduire les dernières pages d'une communication faite
par lui en 1891 au bulletin de la Société météorologique
italienne [1].

Après avoir indiqué qu'il y avait lieu de chercher à
transporter dans le nuage à grêle des corpuscules solides condensateurs, M. Bombicci ajoutait :

« Le projectile pour les conflits *agricolo-météo-
riques* devrait être de faible volume, mais assez solide
pour parvenir rapidement jusqu'au nuage ; il devrait
éclater à un moment donné et éclater en donnant naissance à une poussière abondante sans provoquer la
chute de fragments lourds et dangereux.

« Pour défendre la région agricole italienne dans les
limites précédemment indiquées de l'espace et du
temps, il est probable qu'il ne serait pas besoin de
nombreuses batteries pour des projectiles de cette nature. Une seule pièce peut en lancer plusieurs en quelques minutes et si, dans certaines régions, il était
besoin de plusieurs pièces, il ne serait pas nécessaire
que ce soient des appareils de précision d'un nouveau
et coûteux modèle.

« Les Sociétés d'assurance indemnisent, sans doute,
les propriétaires grêlés, mais elles les paient en billets
de banque et jamais un seul grain de blé, une seule
grappe de raisin, un seul fruit de l'olivier, un seul épi
de maïs n'ont été régénérés par elles.

« Vous me permettrez de répéter encore une fois
mon vœu le plus ardent et mon espoir le plus cher : je
demande la formation d'un Comité de propriétaires
italiens de bonne volonté, aidé par le gouvernement,
patronné par la Société nationale d'agriculture, par les

---

1. L. Bombicci, *Pioggia artificiale ed artificiale diminutione
della intensita et delli danni della grandine*, 1891.

institutions de science, de crédit et de bienfaisance, allié ou associé aux Compagnies d'assurance, qui se constitue pour former une association tendant à réduire les dégâts de la grêle.

« Je réclame la prompte, énergique et résolue initiative de ce Comité pour réaliser une artillerie suffisante pour les expériences initiales pendant la durée de la période sujette aux chutes de grêle.

« J'espère qu'il se lèvera un homme de génie et de cœur parmi tant d'inventeurs d'armes destructrices et de produits perfectionnés pour le carnage, qui réussira à créer le type idéal du projectile désiré.

« Pour le bien matériel de ma patrie, j'ai foi dans la réalisation de toutes ces espérances, au point que les bouches de toutes ces pièces d'artillerie, commandées pour ce nouveau service, en resteront béantes d'admiration ; une fière querelle en naîtra dans l'Olympe entre Mars et Cérès. J'ai confiance dans l'organisation de cette *batterie de météorologie expérimentale*, dont j'ai déjà parlé à Venise, en mars 1884, en terminant mon discours *sur la cristallisation dans les substances vitreuses et dans l'air* par la prévision d'un beau spectacle pour les Expositions de l'avenir : celui du canon réuni à la charrue dans la catégorie des machines utiles au bien-être de l'humanité.

« Vous me direz que j'incline trop vers l'utopie ; c'est possible, mais j'ai le plaisir de savoir par expérience que les plus grandes utopies peuvent devenir des faits accomplis lorsque le milieu qui les entoure devient favorable à leur réalisation. »

Ces paroles prophétiques ne devaient pas avoir un écho immédiat en Italie : nul n'est prophète en son pays ; mais, le jour de la Fête-Dieu 1896, il vint en Styrie, à l'idée de M. Stiger de déranger, par des détonations bruyantes, le calme d'une atmosphère prédisposée à l'orage. Aux détonations succéda une pluie fine et le nuage orageux disparut. L'expérience fut renouvelée par M. Stiger, puis par son voisin, le Dr Vosnjak, de Giesskübel, toujours avec succès. A la fin de 1897, il existait trente-trois stations de tir contre les nuages orageux. Les canons employés par M. Stiger étaient, au début, des mortiers en fonte dure de forme assez allongée. Le créateur de la méthode ne tarda pas, sur les conseils d'un de ses amis, à prolonger le mortier par une cheminée conique en tôle de 2 mètres de hauteur pour orienter vers les nuages la vibration sonore qui devait s'opposer à la formation de la grêle (fig. 1).

Le type du canon agricole venait d'être créé : M. Stiger formulait aussitôt les principes généraux de l'application de sa méthode :

1° Ne pas créer de stations isolées ;

2° Commencer le tir avant la chute de la grêle ;

3° Tirer le plus rapidement possible au moment critique ;

Fig. 1. — Canon Stiger.

4° Ne pas cesser le tir jusqu'à la disparition de l'orage.

Le nombre des stations créées à Windisch-Feistritz ne tardait pas à progresser et à passer de 12 en 1896 à 33 en 1897 et à 56 dans le courant de 1898.

Au mois d'août 1898, M. E. Ottavi, député au parlement italien et directeur du journal *il Coltivatore*, de Turin, prenait l'initiative d'organiser une excursion en Styrie pour se rendre compte des résultats obtenus. Il était accompagné par MM. les P[rs] Marescalchi et Tamaro, auxquels s'étaient joints quelques amis. Au retour de cette exploration, M. Ottavi faisait connaître, avec une grande impartialité, les succès et insuccès relevés dans la pratique des tirs à Marburg et à Windisch-Feistritz. M. Tamaro, directeur de l'École d'agriculture de Grumello del Monte, rapportait de cette exploration un canon Stiger, dont il voulut bien me montrer le fonctionnement et l'installation primitive lors de mon passage dans cette localité. La semence de la nouvelle artillerie ne tarda pas à germer sur la terre italienne ; elle devait y trouver un sol d'autant plus fertile qu'il était plus fréquemment éprouvé par des grêles désastreuses.

Au mois de février 1899 se constituait, sous la direction de M. le Pr Marconi et sous la présidence de M. Petronio Veronèse, le premier Syndicat de tir créé en Italie, celui d'Arzignano.

Dans le courant de cette même année paraissait le rapport officiel de M. le Pr Prohaska au gouvernement de la Styrie sur les orages de grêle en 1898 et sur l'action des stations de tir.

Ce rapport publié au mois de mai par M. Ottavi[1] à la suite de ses notes de voyage en Styrie signale divers faits de protection en même temps que quelques insuccès dus la plupart à une mauvaise organisation des tirs. Ce rapport se terminait par les conclusions suivantes — que nous reproduisons d'après la traduction de M. Ottavi.

1. E. Ottavi, *Les tirs contre les orages à grêle*, 1899.

« De tout ce qui précède on voit que dans un seul cas on peut affirmer que les tirs ont donné un bon résultat, c'est-à-dire dans le réseau des stations de MM. A. Stiger et Vosnjak *qui sont très bien organisées*. A Windisch-Feistritz on a donc eu confirmation des bons résultats des années précédentes.

« Mais dans les autres localités *le résultat laisse beaucoup à désirer*. Et ces résultats négatifs surprennent particulièrement, d'autant plus que les tirs ont été exécutés à temps et avec persévérance durant la journée du 9 août à Hitzendorf, Thal, Baierdorf et Gösting.

« Ce fait prouve qu'*avec des stations isolées on n'a pas de résultats appréciables*. Au début on comptait trop sur l'action de quelques stations élevées çà et là. Ces dernières, en se basant sur ce qu'on a dit et sur ce qu'on a écrit souvent, peuvent avoir de l'efficacité mais sur une étendue d'un kilomètre ou tout au plus d'un kilomètre et demi. *Les stations de tir sont souvent trop élevées* et en les plaçant trop haut, sur des sommets de coteaux ou de montagnes, on finit par ne pouvoir plus défendre les régions cultivées qui restent de cette manière beaucoup trop éloignées des points de tir.

« Cependant si les expériences de 1898 ne nous permettent pas de nous prononcer d'une manière définitive sur la pratique des tirs contre les nuages, *il faut continuer ce qui a déjà été commencé*. »

Le rapport de M. le Pr Prohaska n'était certainement pas enthousiaste mais ses conseils devaient être entendus et le dernier eut pour écho en Italie la création de nombreuses associations de tir dans la Lombardie, le Piémont et la Vénétie. Pour la seule province de Vicence où la commune d'Arzignano[1] avait donné le

---

1. L'association de tir d'Arzignano a été créée le 21 janvier 1899 sous la présidence de M. Petronio Veronèse et sous la

premier exemple de ce genre d'Association défensive, on comptait à la fin de l'année 1899 446 stations de tir, comme en fait foi le relevé suivant qui m'a été communiqué par M. Marconi, directeur de la chaire d'agriculture de la province de Vicence.

COMMUNES ET ASSOCIATIONS de	NOMBRE DE STATIONS de tir.
Arzignano..	226
Barbarano..	50
Castegnero.	16
Montegaldella.	6
Breganze.	46
Canale di Brenta.	70
Fara Vicentino.	21
Montecchio precalcino.	11
TOTAL.	446

Les résultats obtenus par les tirs généralisés successivement par plus de 2 000 stations en Italie furent assez instructifs et assez favorables à la défense du vignoble pour que les viticulteurs italiens prissent l'initiative de convoquer à Casale un Congrès spécial pour l'étude des tirs contre la grêle. M. Ottavi qui s'était défendu quelques mois auparavant de pousser ses concitoyens dans la voie d'une généralisation trop rapide de la méthode styrienne dut accepter la prési-

présidence d'honneur de M. le Pr Marconi. M. Veronèse avait dès le mois d'avril 1898 appelé l'attention des viticulteurs de sa région sur les tirs contre la grêle par un article inséré dans le journal *Il Coltivatore*. M. le Pr Marconi s'était d'autre part rendu en Styrie pour y étudier l'organisation des stations de tir créées par M. Stiger. Aussi, comme le fait remarquer le rapporteur du Consorzio d'Arzignano, il ne manquait plus dans cette région, au mois de janvier 1899, que l'*étincelle destinée à mettre le feu aux poudres*. Elle ne devait pas tarder à jaillir et devait être suivie rapidement de beaucoup d'autres.

dence du comité d'organisation. Ce Congrès réuni dans la petite ville de Casale Montferrato les 6-7-8 novembre 1899 eut un succès inespéré.

Plus de 600 congressistes se rendirent à l'appel du comité. Le programme du Congrès réuni sous la présidence d'honneur de M. Stiger et sous la présidence effective de M. le Pr Luigi Bombicci fut des mieux rempli et nous croyons utile de le reproduire ici pour montrer avec quel esprit de méthode scientifique la question des tirs contre la grêle a été étudiée en Italie.

PROGRAMME DU CONGRÈS DE CASALE

I. *Résultat des tirs contre la grêle en Styrie.* Rapporteur : M. G. Suschnig, de Gratz.

II. *Résultat des tirs en Piémont.* Rapporteur : M. A. Marescalchi, rédacteur en chef du journal *Il Coltivatore.*

III. *Résultat des tirs en Lombardie.* Rapporteur : M. D. Tamaro, directeur de l'École royale d'agriculture de Grumello del Monte.

IV. *Résultat des tirs en Vénétie.* Rapporteur : M. Gellio Ghellini, professeur à l'École de viticulture de Conegliano.

V. Service de la prévision du temps. M. Porro, directeur de l'Observatoire astronomique de Turin.

VI. *Technique des appareils de tir.* Rapporteur : M. P. Marconi, directeur de la chaire d'agriculture de la province de Vicence.

VII. *Nouveaux appareils de tir.* Rapporteur : M. E. Obert, de Turin.

VIII. *Technique et discipline des tirs.* Rapporteur : M. Roberto, proviseur des Études de la province d'Alexandrie.

IX. *Déductions scientifiques des expériences de tir faites en 1899.* Rapporteur : M. C. Marangoni, professeur au Lycée du Dante à Florence.

X. *Sur l'opportunité de dispositions législatives spéciales pour régler la matière des tirs.* Rapporteur : M. E. Calleri, député.

XI. *Constitution des associations de tir.* Rapporteur : M. L. Giordano, président de la députation provinciale de Turin.

XII. *Les tirs contre la grêle dans leurs rapports avec les lois de la sécurité publique.* Rapporteur : M. E. Pini, député et président du Comice agraire de Bologne.

XIII. *Les tirs dans leurs rapports avec la loi des accidents du travail.* Rapporteur : M. L. Rapeti, professeur à l'Institut Leardi de Casale.

XIV. *Organisation économique des tirs :* Il sera nommé une commission formée des présidents des Associations de tir qui ont fonctionné en 1899.

Une *exposition de canons* et un *concours* pour apprécier le nouveau matériel d'artillerie furent en outre organisés à l'occasion du Congrès.

La lecture des dépositions de chaque rapporteur fut pleine d'intérêt et quand l'auditoire eut entendu l'exposé méthodique des résultats des tirs en Styrie, dans la Lombardie, le Piémont et la Vénétie, il déclara nettement ne pas vouloir se contenter d'une approbation partielle donnée à la pratique des tirs. L'ordre du jour de M. le Pʳ Tito Poggi était ainsi conçu : *Le Congrès, après avoir entendu les rapports concernant les résultats des tirs en 1899 dans la Styrie, la Dalmatie, le Piémont, la Lombardie, la Vénétie et l'Émilie, adresse ses félicitations aux rapporteurs ; il puise dans leurs rapports la meilleure espérance et le meilleur encouragement à poursuivre les expériences entreprises.*

Cet ordre du jour *de confiance* fut jugé trop anodin
et l'ordre du jour suivant présenté par M. le Pr Tamaro
obtint seul l'adhésion à peu près unanime du Congrès.
Voici la rédaction de cet ordre du jour qui exprime
assez bien l'état d'âme des viticulteurs italiens à la fin
de la première année de l'application des tirs contre la
grêle sur leur vignoble.

Ordre du jour Tamaro adopté par le Congrès de Casale :

*Le Congrès, après avoir pris connaissance des ré-
sultats obtenus par les expériences poursuivies en
Styrie, dans la Dalmatie, le Piémont, la Lombardie,
le Vénétie, l'Émilie et la Toscane, est convaincu :*

*(a) Que nous sommes, avec les tirs, sur une voie en-
courageante pour résoudre le grave problème d'éviter
la grêle ;*

*(b) Que les résultats obtenus cette année ne pour-
raient être plus pleins de promesses ;*

*(c) Le Congrès fait des vœux pour que les régions
où se sont faites cette année les premières démonstrations trouvent le moyen de compléter leur défense en
se basant sur l'expérience acquise.*

Les discussions du Congrès de Casale devaient porter leur fruit ; elles eurent pour résultat d'améliorer
l'organisation des Associations de tir et de leur matériel en même temps qu'elles encourageaient de nouvelles expériences. Parmi les délégués français présents à ce Congrès devait tomber la bonne semence.
M. Guinand, vice-président de l'Union des Syndicats
du Sud-Est, en rapporta des convictions qu'il ne tarda
pas à faire partager aux viticulteurs du Beaujolais[1].
L'Association des tirs de Denicé (Saône-et-Loire) devait bientôt prendre naissance par le concours de

1. A. Guinand, *Défense contre la grêle*, 1900.

nombreux propriétaires appartenant à diverses communes qui, pour rendre la démonstration plus convaincante, consentirent à centraliser leur matériel de tir sur la seule commune de Denicé. L'exemple de Denicé (50 canons) eut bientôt des imitateurs dans les Associations de Saint-Gengoux et Burnand (Saône-et-Loire) (32 canons), de Boën près Montbrison (Loire) (17 canons), de Saint-Émilion (Gironde) (8 à 10 canons), etc.

Dès le commencement de cette dernière année 1900 à la suite du Congrès de Casale, l'opinion publique en France s'était en effet émue des succès remportés au delà des Alpes par les canons contre les nuages. M. Rey, député de l'Isère, au cours d'une séance de la Chambre des députés demandait à M. le Ministre de l'agriculture l'envoi en Italie d'un délégué officiel pour renseigner les agriculteurs français sur l'importance des résultats obtenus.

Au mois d'avril de la même année, M. Houdaille, professeur de physique et de météorologie à l'École d'agriculture de Montpellier, était chargé par M. le Ministre de l'agriculture d'une mission d'étude en Italie pour rechercher les résultats obtenus par la pratique des tirs et étudier l'organisation des tirs contre la grêle.

Cette mission, réalisée seulement au mois de juillet afin de pouvoir ajouter aux enseignements de 1899 ceux de la défense du vignoble italien 1900, permit au délégué français de constater que l'enthousiasme des viticulteurs italiens ne s'était pas refroidi alors même que sur quelques points la lutte n'avait pas toujours été heureuse.

A cette date le nombre des stations de tir dans le Piémont, la Lombardie et la Vénétie avait considérablement augmenté. Sur la seule province de Vicence,

le nombre des stations de tir était passé de 446 à
1 630 à la fin de juillet 1900. Pour celle de Brescia, les
260 stations annoncées en novembre 1899, au Congrès
de Casale, s'étaient transformées en 1 455 stations au
25 juillet 1900 d'après les indications de M. le Pr
Sandri. La province de Trévise, qui possédait seulement 87 stations en novembre 1899, en comptait 1 334
en juillet 1900. D'après l'accroissement observé pour
ces diverses provinces on peut estimer que le nombre
des stations en exercice à la fin de l'année 1900 a
atteint le chiffre de 10 000 pour le vignoble de la haute
Italie.

La distribution des stations dans les diverses communes viticoles d'une même province, montre que le
mouvement favorable à la pratique des tirs s'étend à
l'ensemble du vignoble et que cette pratique n'est pas
l'apanage de quelques centres spéciaux où elle aurait
évolué dans un milieu factice. La pratique des tirs
s'est généralisée en Italie parce que, à côté de quelques
insuccès dont plusieurs relèvent d'organisations dé-
fectueuses, le viticulteur et surtout le simple vigneron
a été encouragé par des faits de protection nombreux
et fort démonstratifs. Les tableaux suivants que je
dois à l'obligeance de MM. les Pr Marconi, de Vicence
et Ghellini de Conegliano montrent l'état de diffusion
de la pratique des tirs dans une même province.

ASSOCIATIONS DE TIR ORGANISÉES AU MOIS DE JUILLET 1900
DANS LA PROVINCE DE VICENCE

COMMUNES	NOMBRE de canons	COMMUNES	NOMBRE de canons
Arzignano	200	Report	275
Barbarano	59	Costozza	39
Castegnero	16	Longara	20
A reporter	275	A reporter	334

COMMUNES	NOMBRE de canons	COMMUNES	NOMBRE de canons
Report	334	*Report*	1 062
Arcugnano	34	Monte di malo	24
Brendola	53	Liguzzano	4
Lonigo	107	Villaverla	30
Alonte	22	Monteviale	9
Orgiano	36	Sarcedo	13
S. Gennuaco de berici	26	Mason Vicentino	28
Lossano	58	S. Giorgio di perlena	
Montegalda	28	Fara	14
Montegaldella	33	Molvena et mure	15
Larmego e Torri	33	Crosara	20
Bertesina e Valpreto	22	Valstagna (Canale di	
Gambellara	15	Brenta)	100
Lisiera	30	Tampiglia de Berici	9
Mavolo e Rovi	16	Nauto	17
Montecchio precalcino	33	Lovizzo	35
Breganze	49	Creazzo	12
Fara	21	Montebello	40
Lugo	18	Chiampo	66
Centrale e grumolo	12	S. Giovanni Ilarione	67
Schio	48	Novale	3
Sant'osso	10	Tornedo	12
Montemagre	24	Valdagno-Trissino	50
A reporter	1 062	TOTAL	1 630

Le nombre des stations de tir qui n'était pour la province de Vicence que de 446 à la fin de l'année 1899 s'était ainsi élevé à 1 630 lors de mon passage dans cette localité en juillet 1900.

ASSOCIATIONS DE TIRS CONTRE LA GRÊLE
DE LA PROVINCE DE TRÉVISE

COMMUNES	NOMBRE de canons	COMMUNES	NOMBRE de canons
Asolo	43	*Report*	54
Cacrano di San Marco	11	Capella Maggiore	12
A reporter	54	*A reporter*	66

COMMUNES	NOMBRE de canons	COMMUNES	NOMBRE de canons
Report.	66	*Report.* . . .	618
Carpessica Corzuolo-For-		Monfumo	15
meniga.	24	Montebelluna. . . .	72
Castel di godego. . . .	28	Motta di livenza. . .	90
Castelfranco veneto. . .	67	Ogliano scomigo. . .	12
Cavaso.	28	Pederobba.	10
Codogné-S.Vendeminior-		Pezzan e Vascon. . .	12
no.	37	Piavon.	21
Colle Umberto.. . . .	14	Pieve di soligo. . .	25
Conegliano.	20	Ponte di piave.. . .	75
Silvela.	5	Possagno..	11
Crespano vencho.. . .	22	S. Fior.	7
Farra di Soligo. . . .	40	S. Pietro di Barbozza.	38
Fontanelle.	18	S. Pietro di Feletto. .	22
Gaiarine.	12	S. Polo di piave. . .	75
Godega di S. Urbano. .	33	Sarmede Montaner. .	13
Gorgo al Monticano. . .	33	Lusigana..	60
Lovadina..	7	Valdobbiadene.. . .	48
Medina di Livenza. . .	42	Villorba.	38
Mogliano..	62	Volpago.	30
Monastier	60	Zenzon.	22
A reporter. . . .	618	TOTAL.	1 334

A la date du Congrès de Casale, novembre 1899, la province de Trévise ne comptait encore que 87 stations de tir.

Cette rapide diffusion de la pratique des tirs autour des premières organisations créées en 1899 est due surtout à la constatation d'un certain nombre de faits de protection qui par leur nature très démonstrative ont apporté une réelle conviction chez les viticulteurs encore hésitants.

Comme nous l'indiquerons plus loin, plusieurs grandes associations de tir établissent après le passage de chaque orage à grêle important des cartes détaillées des parties du vignoble éprouvées par le fléau. Sur ces mêmes cartes, sont pointés les emplacements des sta-

tions de tir ; il est donc facile de vérifier dans beaucoup de cas si la grêle s'arrête à la frontière du périmètre défendu ou pénètre à l'intérieur. Voici parmi
les faits qui m'ont été exposés par le Pr Marconi de
Vicence ceux qui m'ont paru le plus significatifs à cet
égard.

Pendant l'orage du 24 juillet 1899 la zone protégée

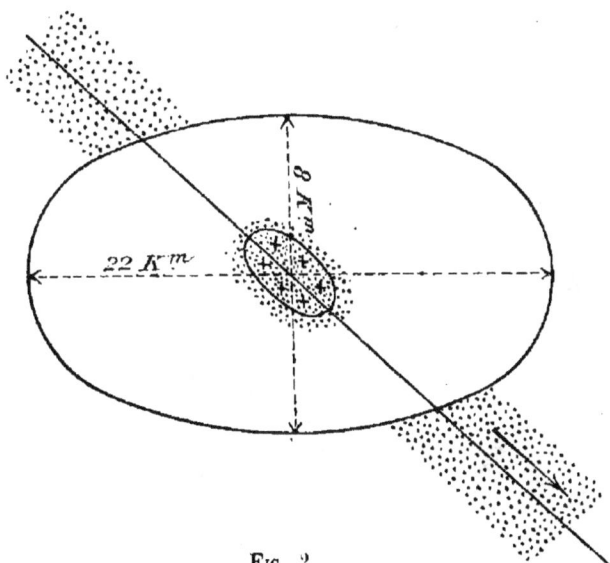

Fig. 2.

dans la région d'Arzignano avait la forme d'une ellipse
dont le petit axe mesurait 8 kilomètres, tandis que le
grand axe dirigé du Nord au Sud atteignait 22 kilomètres (fig. 2). Le rayon de grêle se propageant du
Sud-Ouest au Nord-Est abordait cette zone à la hauteur
du centre. Les vignobles situés à l'entrée de la zone
(Santa Margherita) et à la sortie de celle-ci (Santo
Urbano) ont été grêlés. Tout le périmètre défendu par
les tirs a été indemne, sauf un point intérieur corres-

HOUDAILLE. — Les orages à grêle. 2

pondant à l'emplacement d'un groupe de 5 à 6 canons.
Ce point était situé vers le centre de la zone sur le
prolongement du rayon de grêle. Renseignement pris,
il a été établi que ces 6 canons n'avaient pas fonctionné parce que leurs artilleurs s'étaient entendus
pour ne pas tirer craignant de détourner la pluie qu'ils
désiraient ardemment après une longue période de sé-
cheresse. Voyant la grêle tomber, les artilleurs en
grève commencèrent le tir ; la grêle cessa de tomber,
mais les dégâts avaient déjà enlevé 15 à 25 pour 100
de la récolte.

Un autre fait assez démonstratif a été relevé pour

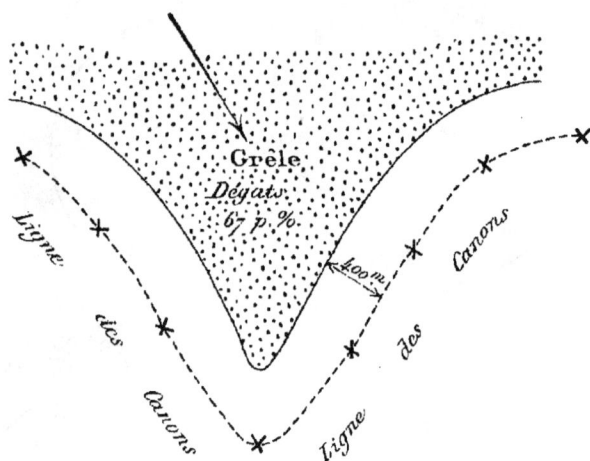

Fig. 3.

l'orage du 10 juin 1899 à la limite Nord du groupe
d'Arzignano. En ce point du côté du Trissino la dernière ligne de défense des canons affecte la forme d'un
V rentrant à l'intérieur du périmètre défendu (fig. 3).
Pendant cet orage les dégâts furent nuls dans la zone

protégée, mais l'intérieur du V formant enclave latérale fut dessiné par une chute de grêle si abondante que le sol en était blanchi. Les dégâts furent tels en ce point que les compagnies d'assurance payèrent 67 pour 100 de la récolte aux propriétaires assurés.

On peut toujours mettre en doute l'action protectrice des tirs contre la grêle en expliquant l'absence de chute de grêle sur une région défendue par la non-formation fortuite des grêlons sur ce même parcours dans le trajet du rayon de grêle. Cependant lorsque la zone protégée est très étroite et est parcourue par le sillon de grêle perpendiculairement à sa direction cette explication peut difficilement être invoquée ; il faudrait admettre une concordance merveilleuse entre l'emplacement où la grêle ne se forme pas sur le parcours du nuage et celui de la zone défendue. Le passage d'un orage à grêle très violent sur la vallée du canal de la Brenta où est localisée la culture du tabac a apporté récemment une démonstration de cette nature. Les deux bords de la vallée à la limite du périmètre défendu ont été fortement grêlés tandis que la zone intermédiaire placée sous l'action des tirs a été parfaitement respectée. Sur un seul point et du côté d'où venait l'orage la zone a été entamée sur quelques centaines de mètres (fig. 4) ; l'enquête a démontré qu'en ce point une station de tir n'avait pu fonctionner pendant l'orage. Dans la vallée de la Brenta les cultures, à cause du peu de largeur de la vallée, sont défendues par une seule ligne de canons placés de chaque côté du canal.

Nous pourrions rapporter ici beaucoup d'autres faits aussi démonstratifs dont plusieurs ont été exposés par les rapporteurs, du Congrès de Casale en novembre 1899. Ceux de nos lecteurs qui désireraient un supplément d'information pourront, pour l'année 1900, se

reporter à la très intéressante *chronique des tirs* rédi-
gée deux fois par mois dans le journal de Mgr Scotton
consacré plus spécialement à la question de la protection contre la grêle. Ce journal a pour titre : l'*agriculture et sa défense contre la grêle*[1]. Les succès et les

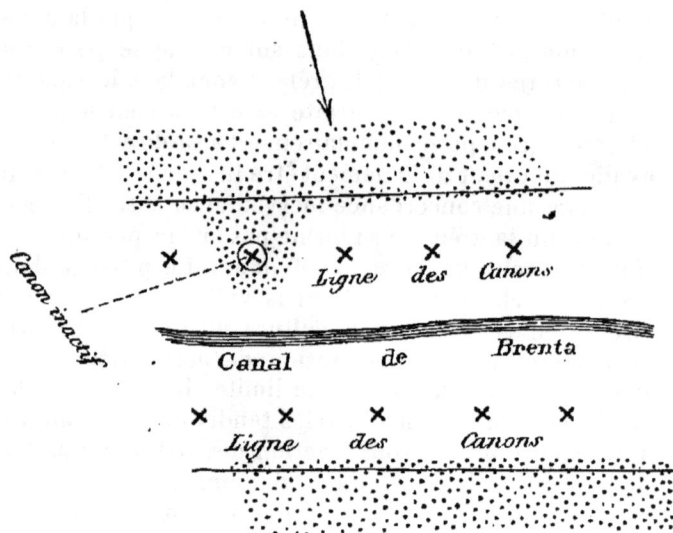

Fig. 4.

insuccès y sont indifféremment rapportés mais une enquête poursuivie par la direction du journal signale
le plus souvent les causes de ces insuccès partiels ou
locaux.

Nous empruntons au numéro de mai de ce journal
la chronique suivante, traduite aussi littéralement que

1. *L'Agricoltura e la sua difesa contro la grandine*. Journal
mensuel publié à Breganze (Vicenza).

possible, pour ne rien enlever à la précision des faits rapportés.

Résultat des tirs : on nous écrit de Cellatica, province de Brescia, à la date du 8 mai 1900, que l'on a pu voir un orage venant de l'Ouest arrêté par les tirs faits à Guzzago et à Cellatica.

A Cavazzo, le 8 du même mois, éclatèrent deux orages très menaçants, mais, grâce au tir rapide et régulier des canons, on vit bientôt tomber une neige inoffensive.

Le même jour, Piavon, Motta di Livenza et Corbolone firent leurs premières preuves. L'orage s'est produit vers 2 heures du soir ; il venait du Midi. A Gorgo et à Meduna où n'ont pu se constituer des Associations de tir, la grêle tomba heureusement légère ; les trois communes défendues restèrent parfaitement indemnes.

« Les Associations de Pionca et de Perago ont encore obtenu un splendide succès. L'orage se présenta très menaçant et fit quelques dommages dans un rayon restreint où manquaient deux canons et sur un autre point où un canon géant Magliano s'est dérangé et a cessé de fonctionner au douzième coup. Sur le reste du pays tomba une pluie abondante. Les communes limitrophes de Villanova et de Codiverno Santa Trinita ont été au contraire fortement grêlées.

A Monastier le 9 mai l'orage a éclaté à trois reprises différentes ; on a tiré 3 000 coups de canon (un peu trop !) Mais l'orage qui a causé de grands dégâts dans tous les pays voisins au Nord et à l'Ouest a respecté Monastier.

« On écrit dans le *Courrier de Venise* qu'un orage à grêle très menaçant a été combattu avec succès par 62 stations de tir de l'Association de Mogliano-Preganziol. Les cultivateurs sont enthousiasmés de

l'excellent résultat de la lutte. En une demi-heure environ avec une moyenne de 20 coups par station, le
nuage menaçant qui lança la grèle sur les terrains
situés en dehors de la zone protégée se transformait
sur le territoire défendu en une pluie abondante et
sur quelques points en neige inoffensive. La preuve
ne pouvait mieux réussir.

« A Camposampiero, le 15 mai, s'engageait la première bataille contre deux orages successifs de 11
heures du matin à 1 heure du soir. La grêle qui avait
déjà commencé cessa de tomber dès les premiers tirs
en se transformant en pluie abondante, mais elle con-
tinua dans la zone non défendue où elle causait d'assez
graves dommages. A San Giustino qui confine avec la
zone protégée la grêle est tombée et un riche propriétaire, qui avait refusé d'adhérer à l'Association des tirs
a été assez fortement grêlé. Les cultivateurs sont enthousiasmés. Dans une localité menacée sur la limite du
territoire défendu, il est tombé de la neige. Les coups
de tonnerre et les éclairs ont cessé complètement dès
les premiers tirs.

« Une curieuse anecdote : Un nommé Perin qui n'a-
vait pas encore préparé sa guérite (abri) commença le
tir abrité sous un parapluie. L'ayant posé à terre un
instant, il fut tout surpris en le reprenant de constater qu'il était couvert de neige.

« A Breganze nous avons déjà lutté six fois avec
pleine victoire et cependant les pays voisins non protégés n'ont pas été indemnes ».

Nous venons de rapporter une chronique de succès,
nous pourrions en résumer une autre, celle des mois
suivants où les succès sont mélangés à quelques insuccès. Parmi ces derniers, l'un des plus notables fut celui d'Asolo dans la Vénétie. Ce fut le *désastre* d'Asolo
où malgré les tirs assez réguliers la grêle tomba drue

et serrée en causant à la surface de la zone défendue des dégâts assez considérables.

L'enquête faite sur ce cas intéressant a révélé que les artilleurs, sur le conseil des constructeurs de canons et aussi par défaut de poudre, avaient fait usage de charges beaucoup trop faibles qu'ils avaient réduites à 30 et 35 grammes au lieu de 80 ou 100 qui paraissent nécessaires pour une lutte efficace.

D'autres insuccès signalés dans la Lombardie, septembre 1899, puis plus récemment, août 1900 dans la vallée de la Brenta semblent au contraire avoir été provoquées par la violence exceptionnelle des orages dont ces localités ont eu à souffrir. La défense de la vallée de la Brenta (culture du tabac) est d'ailleurs très difficile à cause de son peu de largeur. Dans le cas d'orages transversaux à la vallée ceux-ci ne rencontrent qu'une seule ligne de canons. Il s'agissait d'ailleurs dans ce cas d'orages pendant lesquels le vent soufflait en tempête et détruisait rapidement, si elle avait pu se produire, l'action des tirs. La puissance des pièces d'artillerie employées pour lutter contre le fléau a semblé insuffisante et si quelques points défendus ont été moins maltraités que leurs voisins en dehors de la zone protégée, la grêle y a causé cependant de sérieux dommages. Cet insuccès contre des orages d'une extrême violence atteignant les hautes régions de l'atmosphère a créé en Italie et particulièrement en Lombardie et dans le Piémont un courant d'opinion favorable à la construction de canons à plus grande portée. Plusieurs propriétaires ont substitué aux canons de 2 mètres des canons de 3 mètres et 4 mètres en portant la charge de 80 à 150 et 200 grammes.

Les chutes de neige après les tirs. — Les fréquentes chutes de neige observées après les tirs contre les

nuages à grêle sont encore une preuve à apporter pour
confirmer leur efficacité. Dans la chronique des tirs
précédemment rapportée nous avons vu signaler déjà
quelques chutes de neige. J'ai pu constater par une
enquête poursuivie à ce sujet en Italie que ce phénomène était très fréquent alors que les chutes de neige
à gros flocons étaient tout à fait exceptionnelles de
mai à septembre dans les mêmes régions avant l'introduction de la pratique des tirs. A Breganze la neige
était tombée exceptionnellement abondante après les
tirs au commencement de juillet, quelques jours avant
ma visite à l'Association des tirs de cette localité. A
Brescia, M. Sandri, directeur de l'École d'agriculture
de cette ville, a eu l'obligeance de me communiquer
le relevé des 4 journées où il est tombé pendant cette
dernière année de la neige sur cette localité après les
tirs : ces dates sont celles des 27 avril 1900, 18 mai,
14 juin, 12 juillet. Le 14 juin, la neige est tombée
abondante pendant 2 heures sur la ville de Brescia
(20 000 habitants). L'action des tirs sur cette formation est actuellement de notoriété publique. Si l'on
ajoute que la neige qui tombe alors le plus souvent
n'est pas une neige fine et sèche, mais une neige en
gros flocons partiellement fondue, représentant en
quelque sorte la matière d'un grêlon imparfaitement
gelé et s'écrasant en forme d'étoile dans sa chute sur
le sol, on aura une confirmation de plus de l'influence
des tirs sur la transformation des orages à grêle.

Nous emprunterons à une conférence de Mgr Scotton [1]
la relation d'un fait qui montre la transformation progressive des grêlons à l'approche de la zone protégée
par les tirs. Après avoir rappelé qu'il s'agit d'un fait

1. Mons. Gottardo Scotton, *Conférence populaire sur l'opportunité de fonder les stations de tir contre les nuages à grêle*,
1900.

nouveau et que si l'Italie a conservé le souvenir historique d'une chute de neige le 5 août à Rome sur le Mont Esquilin, elle l'a considérée comme un événement miraculeux dont le souvenir est perpétué par la célébration de la fête de la Madone de la neige, Mgr Scotton ajoute :

« Mais cette année la neige fut observée fréquemment et sans miracle. Je commencerai par vous dire ce que j'ai vu moi-même. La commune de Breganze présente une étendue plus longue que large et sa longueur court du Nord au Midi. Au levant 5 communes confinent à cette paroisse, Salcedo, Fara, S. Giorgio, Mason et Villaraspa. Or, au mois de juillet dernier, un orage qui venait de l'Est dévasta plus ou moins ces 5 communes avoisinantes, mais à 500 mètres de distance la grêle tombait molle et se divisait en tombant sans produire aucun dégât sensible sur les récoltes. A 400 mètres, la grosseur des grêlons avait notablement diminué, à 300 mètres ils ressemblaient à des grains de millet, à 200 mètres c'était des *flocons de neige* qui voltigeaient de çà de là avant de toucher terre. Enfin à 1 kilomètre des canons, sur les canons et sur le reste du pays il tomba une pluie bienfaisante.

Ce n'est pas tout. Entre Mason et Villaraspa il s'est ouvert dans la zone de protection une fissure de deux kilomètres environ. En ce point manquait un premier canon parce qu'on n'avait pas encore trouvé une famille à qui le confier ; un second canon privé de cabane fut renversé au premier coup de vent ; au troisième canon arrivèrent les artilleurs après la bataille. La grêle est entrée par ce côté en formant la figure d'un V. Elle marquait ainsi l'emplacement des 3 canons absents et *devenait d'autant plus fine* et inoffensive qu'elle tombait plus près des canons en activité.

« Et ces chutes de neige de juillet à septembre que j'ai pu constater 3 fois se répètent dans presque toutes les stations de la Vénétie, de la Lombardie et du Piémont.

Comment se fait-il que ce phénomène se produit seulement là où s'opère le tir des canons ? »

La fréquence de ces chutes de neige ou plus exactement de neige demi-fondue, verglas ou grêle molle (nevischio) a été spécialement établie par les dépositions des représentants des associations de tir de la province de Trévise [1]. Les délégués des associations de tir de cette province réunis au nombre de 250 le 4 novembre dernier à Trévise ont été questionnés spécialement sur la fréquence des chutes de neige à demi-fondue (nevischio). Un très grand nombre de dépositions ont confirmé ces chutes observées plusieurs fois dans la même année et sur la même commune à la suite des tirs. Plusieurs délégués ont déclaré que ces chutes de neige ou de grêle molle n'avaient jamais été observées avant la pratique des tirs dans les mêmes régions. Les mêmes dépositions ont confirmé la diminution très marquée des décharges électriques et des coups de tonnerre sur le périmètre protégé.

La suppression complète des coups de tonnerre et des éclairs après les premiers moments du tir a été également constatée par un grand nombre d'observateurs qui considèrent le canon grandinifuge comme un excellent *paratonnerre* M. Stiger rapporte que dans la région de Windish Feistritz les orages très fréquents donnaient chaque année naissance à des incendies provoqués par les chutes de foudre mais que depuis

---

1. L'Adunanza dei consorzi grandinifughi della provincia di Trévis, 4 nov. 1900, in l'*Agricoltura et la sua difesa contro la grandine*, n° 17, nov. 1900.

l'organisation des tirs, soit depuis 3 ans, aucun cas d'incendie n'a été relevé dans l'intérieur de la zone protégée. Cette observation de M. Stiger relative à la suppression de la foudre a d'ailleurs été pleinement confirmée par les dépositions du Congrès de Casale et ultérieurement par les observations de M. Sandri à Brescia. La disparition des coups de tonnerre se produirait même assez souvent avant que le vent qui accompagne l'orage ait perdu de sa violence.

Les décharges des tirs paraissent déterminer dans plusieurs cas une modification très apparente dans la forme du nuage orageux. Le fait m'a été notamment confirmé par M. Sandri, directeur de l'École d'agriculture de Brescia qui a observé à diverses reprises que sous l'action des tirs les bords frangés du nuage à grêle ne tardaient pas se transformer en s'estompant progressivement pendant que leur masse semblait se diffuser latéralement. On voyait alors se former une sorte de nuée blanchâtre planant à une faible hauteur sur la station protégée et limitée inférieurement par un plan horizontal. La forme de cette nuée d'où descendent parfois des flocons de neige est tout à fait différente de celle des nuages à grêle dont elle parait être la transformation directe.

Dans le même ordre d'idées, quelques observateurs prétendent avoir constaté un mouvement de dispersion latérale provoqué dans le nuage par le choc du projectile gazeux lancé par les canons. M. Stiger qui est très réservé dans ses explications sur l'efficacité des tirs rapporte que « dans les nuages noirs contre lesquels on a tiré beaucoup se voient des points plus clairs le long de la ligne de tir. Ces points plus clairs forment comme une ouverture dans le nuage et laissent voir parfois un espace de ciel bleu.

Les tirs contre la grêle et les compagnies d'assu-

rance. — Lorsque le mouvement favorable à la multiplication des stations de tirs prit naissance en 1899 dans les régions de l'Italie les plus éprouvés par la grêle, les compagnies d'assurance voyant leur clientèle diminuer s'efforcèrent comme c'était leur droit de relever et de signaler les insuccès observés dans la lutte contre les orages. A ce point de vue on peut être assuré que les cas de défense douteuse ou d'insuccès n'ont pas été ignorés du public et les compagnies d'assurance ont rendu un grand service pour faciliter par leurs révélations l'étude de cette question. Cependant, en présence des résultats obtenus, plusieurs d'entre elles ont en 1900 renoncé à remonter le courant et, de même que pour lutter contre la concurrence de l'électricité les compagnies d'éclairage au gaz ont ajouté à leur matériel ancien des dynamos productrices d'électricité, de même plusieurs compagnies d'assurance contre la grêle ont subventionné dernièrement des associations de tirs pour réduire l'importance des sinistres qu'elles avaient à payer. Elles ont également consenti à réduire dans une certaine mesure le taux de la prime d'assurance pour ceux de leurs assurés qui faisaient partie de syndicats de tirs bien organisés et où la protection s'était montrée nettement efficace. On peut encore trouver dans ces faits une confirmation de l'efficacité réelle des tirs.

Il semble résulter de l'examen impartial des faits observés en Italie que la protection contre les orages à grêle peut dans un grand nombre de cas être obtenue par la pratique des tirs. Il est possible que dans le cas d'orages exceptionnels, cette lutte soit encore très imparfaite et même impossible avec le matériel de tir actuellement en usage; mais on est fondé, en se basant sur les résultats de protection inégaux donnés par des canons de différente puissance, à espérer que dans le plus grand nombre de cas la méthode styrienne inaugurée par M. Stiger et conduite d'après les principes actuellement en usage pourra assurer au vignoble dans les régions les plus sujettes à la grêle une protection efficace.

Il est utile toutefois de rappeler que l'on ne saurait sans craindre un échec complet s'écarter des règles indiquées par la pratique tant pour la constitution du matériel de tir que pour la distribution des stations dans le vignoble. En l'absence de notions encore bien précises sur le mécanisme de la transformation des nuages à grêle par les tirs, il y a lieu de ne rien innover qui s'écarterait trop brusquement de la méthode actuellement en usage. A ce point de vue on ne saurait trop imiter, dans l'organisation des nouvelles stations qui se créent en France, ce qui a été fait en Italie : Dans ce cas particulier, l'imitation est le gage le plus assuré du succès. Si de nouveaux dispositifs de tir doivent être essayés, ils devront l'être sur des surfaces spéciales consacrées à ces essais et ne pas être en aucun cas mélangés irrégulièrement dans l'organisation du réseau principal de nos stations de tir.

La technique des tirs présente une grande importance. L'étude des charges donnant le maximum d'effet, la détermination de la forme du canon la mieux disposée pour obtenir d'une charge de poudre la plus grande somme d'énergie balistique ou vibratoire, la recherche des méthodes permettant d'être informé de l'imminence des orages à grêle, la direction dans laquelle les tirs doivent être exécutés sont autant de questions actuellement soumises aux réflexions et aux recherches des savants et des praticiens.

Depuis la réalisation des premières installations de tir en 1899 la fabrication des canons est devenue en Italie une industrie importante; plusieurs usines se sont livrées presque exclusivement à cette fabrication et ont livré jusqu'à 1 000 canons en 1900. Plusieurs constructeurs ont procédé à des essais scientifiques très intéressants pour améliorer la forme de leurs canons. La figure 5 représente les divers essais auxquels s'est livrée l'usine Bazzi à Casale pour déterminer la forme de pavillon la mieux adaptée à son mortier.

Fig. 5. — Une fabrique de canons, usine Bazzi de Casale.

En même temps dans un grand nombre de villes à Vicence, à Schio, à Plaisance, à Rovigo, à Padoue ont été organisés par l'initiative des associations de tir des concours de canons. Des cibles spéciales ont permis d'y mesurer la puissance du projectile gazeux lancé par ces pièces d'artillerie d'un nouveau genre et un nombreux public a pu s'y initier au fonctionnement des divers modèles tout en recueillant les indications utiles pour le choix du matériel de tir.

L'étude des conditions de la défense contre la grêle a donné lieu en Italie à un mouvement scientifique très important auquel ont concouru les Écoles et les chaires d'agriculture aussi bien que les universités. Dans les Écoles d'agriculture notamment à Grumello del Monte, à Brescia, à Conegliano ont été poursuivies des recherches fort utiles pour l'amélioration du matériel de tir. Les laboratoires de ces Écoles se sont prêtés avec beaucoup d'activité à la vérification du matériel de tir et à l'étude des modifications qu'il semblait utile d'y apporter. Aussi la plupart possèdent-elles un parc d'artillerie où les pièces nouvelles rangées en lignes ou dispersées dans le vignoble servent aux essais en même temps qu'elles complètent le réseau de protection des vignobles voisins. La fig. 6 représente les canons en expérience à l'École d'agriculture de Brescia.

Fig. 6. — Essais de canons à l'École d'agriculture de Brescia.

M. Bombicci à l'Université de Bologne, M. Marangoni, à Florence, M. le Pr Porro, directeur de l'Observatoire de Turin et beaucoup d'autres ont apporté aux viticulteurs italiens le concours de la science théorique qui a su dans cette circonstance devenir essentiellement pratique sans s'éloigner cependant beaucoup des nuages qui étaient le but principal de leur utile collaboration. La science officielle qui à l'origine et avec beaucoup de raison avait fait un accueil plutôt un peu froid à la nouvelle méthode est quelque peu en voie d'évolution en présence des faits acquis et insiste seulement pour que des preuves de plus en plus nombreuses et plus irréfutables viennent donner une plus solide confirmation aux phénomènes de transformation observés au sein des nuages orageux.

Enfin on ne saurait oublier que le clergé italien a donné à la diffusion de la pratique des tirs une collaboration des plus active. Sans parler des publications du P. Giovanozzi de Florence et de Msr Scotton, fondateur du journal : *la défense contre la grêle*, la plupart des membres du clergé de la province ont engagé leurs paroissiens à organiser des stations de tir pour défendre leur récolte en leur rappelant sous diverses formes la sage devise: *aide-toi, le ciel l'aidera*. Dans plusieurs associations le signal du tir est donné par le son des cloches, et récemment Mgr Ortolani, évêque d'Arcoli, écrivait à son clergé pour lui recommander de prêter son concours le plus actif au professeur départemental d'agriculture pour l'instruction agricole de ses paroissiens.

C'est grâce à cette collaboration efficace de toutes les bonnes volontés que l'application de la méthode styrienne de protection contre la grêle a fait en Italie de si rapide progrès. Le prochain Congrès de Padoue (25-27 novembre 1900) en réunissant en un faisceau commun les dépositions des viticulteurs italiens dira quelle a été l'importance des progrès réalisés et confirmera, nous en sommes persuadé, l'impression favorable à l'efficacité des tirs que nous avons rapportée de notre mission d'étude en Italie.

LES TIRS CONTRE LA GRÊLE EN FRANCE

Plusieurs stations de tir ont été organisées en France pendant le cours de cette dernière année. Le nouveau matériel d'artillerie agricole a fait son apparition à Denicé (Saône-et-Loire) avec 50 canons, à Liergues près Villefranche (Rhône) 8 canons, à Saint-Gengoux et et Burnand (Saône-et-Loire) 30 canons, à Boën (Loire) 15 canons, à Saint-Emilion (Gironde) 8 canons. De toutes ces organisations celle qui a le plus attiré l'attention des viticulteurs français est certainement celle de Denicé, créée par la collaboration du syndicat

agricole de Villefranche et d'Anse et de l'Union beaujolaise sur l'initiative de M. Guinand vice-président de
l'union des syndicats agricoles du Sud-Est. Cette association de tir subventionnée par le Ministère de l'agriculture, le conseil général du Rhône, la société des
viticulteurs de France, la société des agriculteurs de
France et la société des viticulteurs du Rhône repré-
sentait en quelque sorte l'expérience officielle du nouveau procédé de défense importé d'Italie sur le vignoble
français.

La première lutte sérieuse engagée par les canons
de Denicé avec les nuages a eu lieu dans la nuit
du 17 au 18 juin vers minuit et demi. Malgré l'heure
indue à laquelle se présentait ce premier orage, tous
les artilleurs étaient à leur poste et dès minuit 40 commençaient le feu. Chaque station a tiré de 20 à 30
coups. Après quelques détonations le vent faiblissait,
les coups de tonnerre et les éclairs perdaient de leur
violence. Il n'y eut pas de chute de grêle pendant
l'évolution de cet orage. Les 52 bouches à feu avaient
tiré environ 1 200 coups.

Le 21 juillet 1 416 coups de canon ont été tirés à
1 h. 1/4 de l'après-midi contre un violent orage venant
de l'Ouest. L'orage s'est dissipé sans laisser tomber une
seule goutte de pluie.

Le 22 juillet, un orage venant du N.-E., accueilli par
517 coups de canon, s'est terminé par une forte averse.

Le 28 juillet, un orage, combattu par 1 097 coups de
canon, se termine par une légère pluie.

Le 29 juillet, de midi 30 à 3 h. 1/4, un orage assez
violent est conjuré sur Denicé par 1 158 coups de
canon; il ne tombe à Denicé que quelques énormes
gouttes d'eau, mais l'orage se reforme sur les montagnes de Theizé et va saccager les communes de
Liergues, Pommier et Limas.

Pendant cet orage du 29 juillet, le vignoble de M. Vermorel à Liergues, défendu par 8 canons, restait indemne ou ne recevait que des grêlons fondus et inoffensifs, tandis que les vignes situées en dehors du périmètre défendu subissaient des dommages appréciables variant du dixième au tiers de la récolte.

Le 20 août à 9 heures du matin, 1 330 coups de canon ont été tirés. L'orage s'est dissipé avec un peu de pluie sur la partie basse de la commune de Denicé.

Mais la journée de lutte la plus intéressante a été celle du 22 août, pendant laquelle 3 266 coups de canon ont été dirigés vers les nuages orageux. Nous empruntons au rapporteur de la commission de la Société de défense contre la grêle de Denicé le compte rendu de la bataille engagée pendant cette journée.

« L'orage venait du Sud-Ouest. Après avoir complètement ravagé les communes de Létra et Sainte-Paule, il atteignait la partie nord de Ville sur Jarnioux où les 3/4 de la récolte ont été emportés dans les hameaux de la Varenne, du Peinaud et de la Maladière. La cime de Coigny a souffert dans les mêmes proportions. De ce lieu au bourg de Coigny, les pertes sont de moitié. Du bourg de Coigny à Saint-Paul, hameau de Lacenas, elles sont d'un quart et de Saint-Paul à Bionnay toujours sur Lacenas, d'un tiers.

Du côté de Lacenas, la *grêle a entamé Denicé* sur deux points :

1° A Chazier, franchissant un seul canon de 300 mètres environ et occasionnant des dégâts évalués au quart de la récolte ;

2° Aux Bruyères en face de Bionnay, dépassant 3 canons de 1re ligne et enlevant le 1/3 de la récolte jusqu'à la 2e ligne de canons. De cet endroit le nuage de grêle s'est avancé dans la direction d'Arnas.

A partir de la 2e ligne de canons jusqu'à 300 mètres

au delà de la dernière ligne les dégâts sont insigni-
fiants et estimés à 1/40.

Et de suite, après avoir franchi le périmètre protégé
par la dernière ligne des canons de Denicé en arrivant
aux Rues, commune d'Arnas, les pertes atteignent 1/3
de la récolte.

Sur tous les autres points de la commune de Denicé,
il est tombé quelques grêlons ou grésils qui n'ont point
fait de mal.

Mais il convient d'observer qu'à Chazier, les postes
14 et 15 ont manqué de munitions au milieu et au
plus fort de l'orage. Sans cette fâcheuse circonstance,
peut-être que les dégâts eussent été nuls ou du moins
fort atténués.

Aux Bruyères, les munitions ont également fait
défaut au poste n° 2, tandis qu'un autre poste était
inondé. Le sentiment unanime de tous les membres de
la commune comme celui de tous les habitants de
Denicé est que le 22 août, grâce aux canons, on a
échappé à un danger certain. »

Il est sans doute impossible de tirer une conclusion
ferme sur l'efficacité des tirs d'une expérience poursuivie durant une seule année sur une seule commune.
On ne saurait cependant nier que les résultats de la
première expérience se sont montrés encourageants si
on les rapproche des observations suivantes de
M. Guinand : chaque fois que le canon tonnait, les
éclairs et le tonnerre s'arrêtaient. A diverses reprises,
les grêlons qui commençaient à tomber secs et durs,
tout à coup tombaient mous et s'écrasaient en tombant à terre. Enfin sur deux points de la commune en
front de bandière où la poudre manqua et où les canons
cessèrent de fonctionner, la grêle recommença à
tomber en causant un dommage très appréciable.

CHAPITRE II

ORIGINE ET FORMATION DE LA GRÊLE

Dans cette étude, nous examinerons successivement les faits acquis par l'observation puis les théories invoquées pour expliquer la formation de la grêle. Les théories sont utiles pour déterminer les règles de la pratique des tirs et les faits d'observation sont nécessaires pour rectifier les théories proposées pour l'explication du phénomène. Il serait fort désirable que des observations plus précises et plus nombreuses sur la constitution des grêlons, sur leur trajectoire et sur les nuages orageux qui leur donnent naissance, nous permettent d'établir la théorie définitive du mécanisme de la formation de la grêle. Nous nous efforcerons de résumer ici, à défaut de synthèse définitive, l'état actuel de la question.

Faits d'observation. — La grêle est constituée par la chute rapide de masses de glace opaque ou transparente, grêlons, s'échappant de certains nuages orageux et descendant vers le sol avec une vitesse d'autant plus grande que leurs dimensions sont plus considérables. Les grêlons présentent des formes et des dimensions très variées. Leur forme, bien que parfois assez irrégulière, tend cependant vers celle d'un sphéroèdre. Leur dimension va depuis 5 à 6 millimètres, jusqu'à plusieurs centimètres de diamètre.

La figure 7 représente quelques-unes des formes de grêlons assez fréquentes ; ceux-ci sont parfois terminés en pointe comme s'ils avaient été étirés dans leur mouvement de descente au travers de l'atmosphère. Lorsqu'on examine la constitution intérieure de gros grêlons, on trouve assez souvent à leur centre un grain de glace opaque, grain de grésil autour duquel sont disposées des enveloppes concentriques

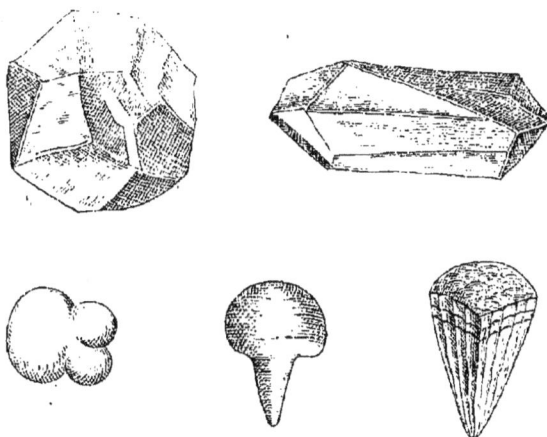

FIG. 7. — Formes diverses de grêlons.

alternantes de glace opaque et de glace transparente. Dans quelques grêlons on observe une structure radiée très apparente comme si des cristaux de glace s'étaient groupés perpendiculairement à la surface du grain de grésil (fig. 8). Sur d'autres grêlons enfin, on observe la superposition de cristaux de glace de diverses orientations et de volume inégal sur un noyau central assez volumineux de forme sphéroédrique. Ces diverses formes ne laissent que peu de doute sur la naissance du grêlon par voie d'additions successives

de cristaux de glace soudés par des alternatives de
fusion et de congélation.

Si la dimension des grêlons était réduite à un diamètre de quelques millimètres, l'explication de leur
formation ne présenterait que peu de difficulté, mais
dans des circonstances exceptionnelles, on a observé
la chute de grêlons énormes dont la formation au sein
d'un milieu aussi léger que l'atmosphère ne peut s'expliquer aussi facilement. Sans ajouter une entière
confiance au récit d'une observation faite en 1802, à

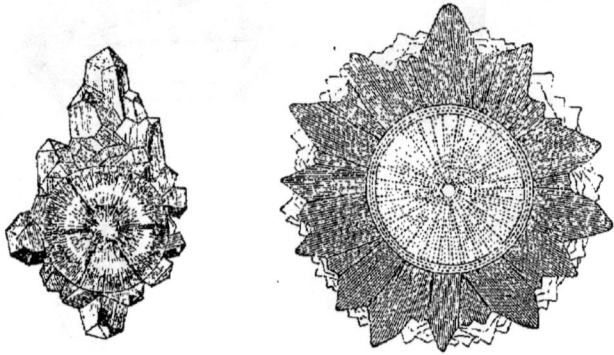

Fig. 8. — Grêlons à structure radiée.

Putzemischel (Hongrie), où l'on aurait vu tomber un
bloc de glace de plusieurs centaines de kilogrammes,
que huit hommes n'auraient pu soulever, on connaît, par
des observations plus récentes, la chute de grêlons
dépassant le poids de 1 kilogramme (observations du
2 octobre 1898 à Bizerte (Tunisie) et du 3 juillet 1897
en Styrie (Autriche). Les grêles de la basse Autriche
et de la haute Italie sont sous ce rapport beaucoup
plus meurtrières que celles de nos orages de France.
Les viticulteurs de ces régions prétendent avec quelque

raison que, si nos grêlons français sont des noisettes ou des noix, les grêlons italiens et autrichiens sont plutôt des œufs et des melons.

Les conditions atmosphériques qui accompagnent les chutes de grêle sont les suivantes. Par un temps chaud et dans une atmosphère tranquille apparaissent rapidement des nuages de couleur sombre à bord frangé. Ce calme de l'atmosphère est accompagné d'une impression de silence toute particulière qui est troublée par un bruissement spécial avant-coureur de la grêle. Puis la nuée orageuse, qui paraît souvent avoir son point de départ sur les montagnes voisines, avance avec rapidité pendant que les stries créées par la descente des grêlons dans les nuées se dessinent avec plus de netteté. La grêle commence alors à tomber et précède parfois les premiers coups de tonnerre ou débute en même temps. La grêle tombe en général avant la pluie, quelquefois avec elle, mais à peu près jamais à la fin du passage de la tourmente. La chute des grêlons peut commencer dans un air tout à fait calme, mais elle continue avec un vent qui peut devenir assez fort pour les chasser très obliquement vers le sol.

Le développement des orages à grêle locaux n'impressionne que fort peu le baromètre et la baisse de ce dernier n'est le plus souvent que de faible amplitude. C'est le plus souvent au moment précis où le baromètre commence à remonter que débute la grêle avec une saute de vent. La chute de grêle peut durer fort peu de temps, quelques minutes seulement et la pluie lui succède en général plus ou moins abondante. La température baisse aussitôt très rapidement. Si le vent cesse peu après et que la température se relève, une nouvelle chute de grêle est à craindre.

La grêle peut également se former dans l'évolution

des orages généraux de l'atmosphère généralement
désignés sous le nom de *dépressions barométriques*, à
cause de la distribution particulière de la pression
atmosphérique à la surface du sol pendant leur développement. On sait que, pendant le passage des bour-
rasques, les lignes d'égale pression barométrique
(isobares), affectent la forme de courbes concentriques
dont la plus étroite correspond au centre de la tempête. Lorsque le tourbillon passe au-dessus d'une
région déterminée, le baromètre baisse progressivement, atteint son point le plus bas, puis remonte. Les
orages liés au développement de ces mouvements
tourbillonnaires, dont le
diamètre peut être égal
et même dépasser l'éten-
due de l'Europe ne se
forment pas indistincte-
ment sur toute l'étendue
de la dépression baromé-
trique ; ils sont plus particulièrement   localisés
dans la portion située à
droite de la trajectoire du centre. Le plus souvent, au
début de l'orage, le baromètre remonte brusquement,
puis redescend rapidement pour continuer à baisser ou
rester à peu près stationnaire. C'est ce qu'on a appelé
le *crochet d'orage b c d* (voir fig. 9).

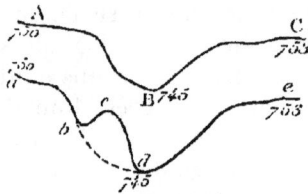

FIG. 9. — Crochet d'orage pendant
une dépression barométrique.

M. Durand-Gréville a montré que ce crochet d'orage
pouvait se manifester simultanément sur un grand
nombre de stations échelonnées le long d'une ligne di-
rigée à peu près vers le centre de la dépression
(fig. 10). En chacun de ces points, on observe un coup
de vent violent et de courte durée (quelques minutes
ou un quart d'heure). Le vent passe brusquement du
Sud-Ouest à l'Ouest et au Nord-Ouest pour revenir en-

suite à sa direction primitive. Tel est le caractère du *grain orageux* lié au passage des larges dépressions atmosphériques qui abordent nos régions surtout au printemps et en hiver. Les orages à grêle peuvent se manifester localement sur l'emplacement de la ligne de grain, partout où les conditions de température et d'humidité sont fa-vorables à la forma-tion de ce météore ; ils peuvent ainsi se former à peu près si-multanément sur des points assez éloignés comme on peut le voir sur la figure 11 représentant par des hachures le dévelop-pement des orages sur la ligne de grain s'étendant des Alpes occidentales à l'em-bouchure de l'Elbe.

Le développe-ment des orages à grêle est en effet assez souvent simultané sur une région assez

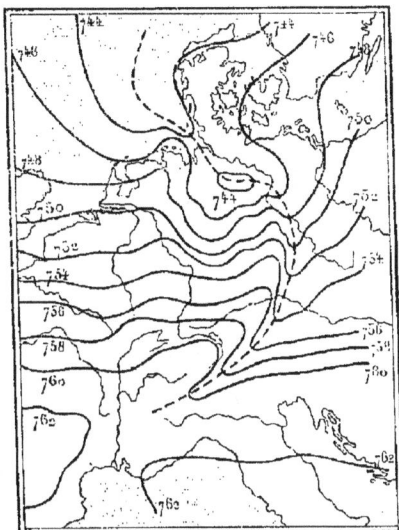

Fig. 10. — Formation simultanée d'un grain orageux sur la ligne tracée en pointillé perpendiculairement aux iso-bares.

étendue ; cela tient tantôt au phénomène de la propa-gation du grain orageux, sorte de barrage élevé au travers des vastes remous tourbillonnants de l'atmo-sphère par l'irruption d'un courant impétueux, tantôt à ce que les conditions de température et d'humidité nécessaires à la formation de l'orage se trouvent réa-lisés à peu près simultanément sur une région sou-mise aux mêmes actions calorifiques réglées par une

égale transparence de l'atmosphère et un apport assez
semblable de la radiation solaire. Le mécanisme particulier de la formation des orages que nous signalerons plus loin provoque en outre la naissance de
ces derniers, de préférence à certaines heures de la
journée. Cette périodicité dans la formation diurne
des orages à grêle est particulièrement accusée dans
la statistique des orages observés en Styrie, dressée
par M. le Pr Prohaska.

C'est entre 7 heures et 8 heures du matin que
les orages sont le
plus rares en Sty-
rie tandis que leur
maximum de fré-
quence est réalisé
entre 3 heures et
4 heures du soir.
La période la plus
sujette aux orages
s'étend de midi à
9 heures du soir.

La grêle tombe
de même 45 fois
plus souvent de
3 heures à 4 heu-

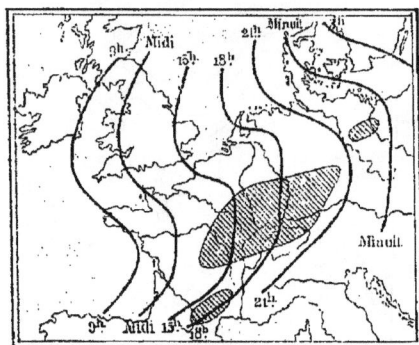

Fig. 11. — Distribution des orages sur la
ligne du grain.

res du soir que de 7 heures à 8 heures du matin. La
période de la journée où la grêle tombe de préférence
s'étend de midi à 8 heures du soir. La grêle pendant
la nuit est beaucoup plus rare que pendant le jour.

La surface battue par les orages à grêle affecte le
plus souvent la disposition de bandes parallèles à une
même direction. L'orage à grêle peut se reformer en
avant du point qu'il a déjà visité et y repasser une seconde fois. Le sillon de grêle peut aussi s'interrompre
sur une certaine longueur de son parcours puis ré-

apparaître plus loin dans le prolongement de sa direction primitive.

RÉPARTITION DIURNE DES ORAGES[1] ET DES GRÊLES[2]

	RÉPARTITION DES ORAGES		RÉPARTITION DES GRÊLES	
	Total	Pour cent	Total	Pour cent
Minuit à 1 heure. .	3 261	2,01	25	0,71
1 heure à 2 heures.	3 645	2,24	16	0,46
2 — 3 —	2 895	1,78	20	0,57
3 — 4 —	2 236	1,38	43	1,23
4 — 5 —	1 893	1,16	29	0,83
5 — 6 —	1 825	1,12	28	0,80
6 — 7 —	1 789	1,10	19	0,54
7 — 8 —	(1 779)	(1,09)	(10)	(0,29)
8 — 9 —	1 773	1,10	13	0,37
9 — 10 —	2 052	1,26	37	1,05
10 — 11 —	2 904	1,79	36	1,02
11 — midi. . .	5 131	3,16	100	2,85
Midi à 1 heure. . .	8 433	5,18	218	6,22
1 heure à 2 heures.	12 328	7,58	288	8,21
2 — 3 —	15 332	9,43	441	12,57
3 — 4 —	(16 899)	(10,39)	(531)	(15,14)
4 — 5 —	16 676	10,25	524	14,94
5 — 6 —	15 078	9,26	364	10,38
6 — 7 —	12 380	7,61	301	8,58
7 — 8 —	10 508	6,46	193	5,50
8 — 9 —	9 281	5,71	130	3,71
9 — 10 —	6 988	4,30	70	1,99
10 — 11 —	4 500	2,77	39	1,12
11 — minuit. .	3 050	1,87	32	0,92
	162 656	100,00	3 507	100,00

Le relief du sol et l'orientation des courants locaux de l'atmosphère dans le voisinage des vallées

1. D'après une série de 12 années.
2. D'après une série de 5 années.

exerce une action manifeste sur la trajectoire des
orages à grêle. Une éminence d'une centaine de mètres dans le lit d'une vallée peut déterminer la déviation régulière des orages à grêle qui suivent le
cours de celle-ci ou qui dérivent dans une direction
transversale.

La formation de la grêle dans les nuages supérieurs
est également influencée par la nature du sol ; la grêle
ne tombe pas à l'intérieur des régions boisées et les
sillons de grêle s'arrêtent le plus souvent à la limite
du périmètre forestier ; il ne grêle à peu près jamais
sur les océans et fort rarement sur les montagnes élevées. Boussingault a observé que lorsque la grêle
tombait sur une montagne assez élevée, les grêlons
étaient plus gros à la base qu'au sommet. Dans certaines régions, notamment dans le Lyonnais et le
Beaujolais, un grand nombre d'orages à grêle ont
comme point de départ les sommets montagneux situés à l'Ouest et séparant le bassin du Rhône du bassin
de la Loire. Les sillons de grêle sont pour la plupart
orientés à partir de ces points origines de l'Ouest à
l'Est. La carte reproduite par la fig. 12 exprime, d'a-
près J. Fournet, la marche normale des orages dans le
Beaujolais.

La fréquence des chutes de grêle varie beaucoup
suivant les régions. Les grêles peu fréquentes sur le
littoral méditerranéen le sont beaucoup plus dans le
haut cours de la vallée du Rhône et de la Saône,
Lyonnais et Beaujolais. La présence de chaînes montagneuses dans la direction d'où viennent les orages
qui abordent une région semble la prédisposer aux
chutes de grêle.

La détermination de la fréquence des chutes de
grêle pour une région déterminée est très importante
pour renseigner les viticulteurs sur l'efficacité de la

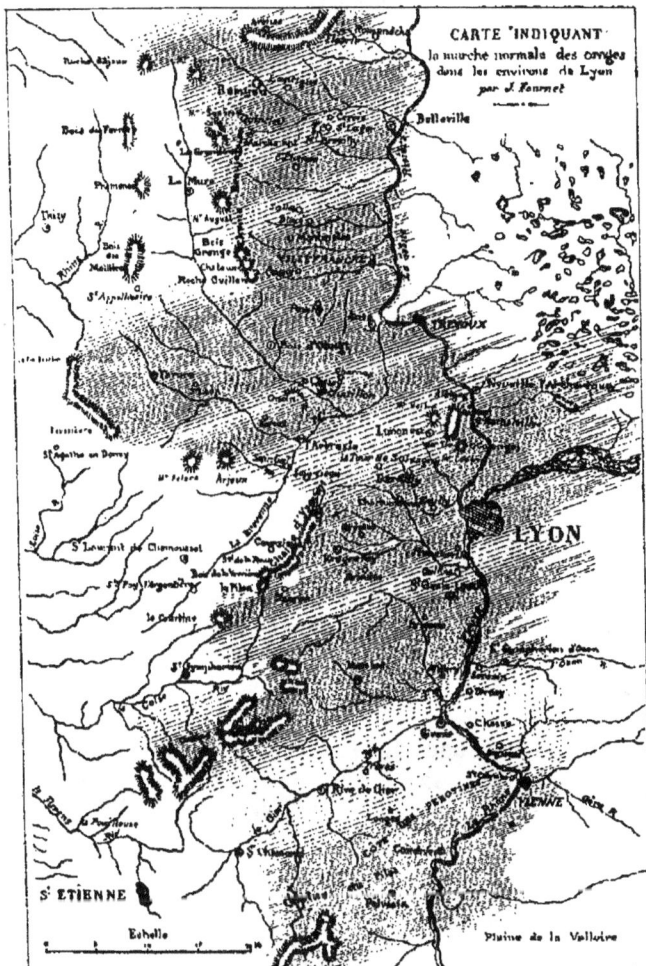

FIG. 12. — Carte des orages dans le Beaujolais et le Lyonnais
(d'après J. Fournet).

protection réalisée par la pratique des tirs. Certaines
régions sont grêlées très irrégulièrement et à long intervalle ; il est très difficile de vérifier si les tirs ont
été la cause réelle de l'éloignement des orages. D'autres contrées sont dévastées régulièrement et presque
chaque année par le fléau ; il est beaucoup plus facile
d'y formuler un jugement sur l'efficacité des méthodes
de défense contre la grêle. La fréquence des chutes
de grêle pour servir d'élément utile de comparaison
doit toujours être rapportée à une même surface. Une
moyenne correspondant à une chute de grêle par an
sur une même commune indiquera une région très
éprouvée tandis que l'observation d'une chute de grêle
par an sur un département correspondra à une contrée
peu sujette à ce fléau désastreux. En divisant le
nombre d'orages à grêle observés sur une région pendant un certain nombre d'années par le nombre d'années de la période considérée, on obtiendra le nombre
moyen de chutes de grêle par an ou ce qui revient au
même les *chances* de *grêle* année moyenne.

M. M. Benoît a publié, dans le *Bulletin de la Commission météorologique du Rhône* en 1880, la carte
des orages à grêle observés dans ce département de
1819 à 1878.

Pour la période de 1824 à 1878 les résultats de
cette statistique ont été les suivants pour quelques
communes du Lyonnais :

COMMUNES	NOMBRES D'ORAGES A GRÊLE (1824-1878)	CHANCES DE GRÊLE
Thurins	27	0,49
Chambost-Allières.	25	0,45
Courzieux.	25	0,45
Mornant.	25	0,45
Régnié.	25	0,45
Beaujeu..	25	0,45
Brullioles.	24	0,44
Longes et Trèves.	24	0,44
Brussieu.	23	0,42
Saint-Martin-de-Cornas. . .	23	0,42
Saint-Didier-sous-Riverie. .	22	0,40
Saint-Étienne.	22	0,40
Saint-Martin-en-Haut.. . .	22	0,40
Rivolet.	14	0,25
Montmelas..	13	0,24
Montromant.	11	0,20
Blacé	9	0,16
Denicé.	5	0,09

Ces chances de grêle moyenne pour une longue période ne préjugent rien de la fréquence des chutes de grêle sur les mêmes communes pour une période limitée. Il semble qu'il existe des périodes pendant lesquelles certaines communes sont grêlées presque chaque année ; tandis que pendant la période suivante les grêles sont beaucoup plus rares. De 1867 à 1878, la commune de Beaujeu a été grêlée 12 fois, soit une fois par an, celle de Chambost-Allières 11 fois, celle de Courzieux 10 fois. Les chances de grêle ont donc passé pour ces trois communes des valeurs moyennes 0,49, 0,40, 0,45 aux valeurs extrêmes 1,00, 0,91 et 0,83. Telle localité qui, comme Denicé, a échappé à la grêle pendant plusieurs années (période 1824-78) peut devenir très sujette aux incursions du dangereux météore (période 1878-99).

Dans le Midi de la France et notamment sur l'important vignoble de l'Hérault les grêles sont beaucoup moins fréquentes et le nombre des orages à grêle observés à la surface de tout un département ne dépasse pas 13 journées pour la période de 1875 à 1899. D'après la statistique publiée par M. Vieillot, dans le *Bulletin de la Commission météorologique* de l'Hérault. Les communes les plus éprouvées ne sont pas certainement atteintes une fois tous les trois ans si l'on considère une période assez étendue.

Dans le Nord de l'Italie au contraire et dans les vignobles de la Lombardie, du Piémont et de la Vénétie les chutes de grêle sont beaucoup plus fréquentes.

D'après les observations recueillies à Vignale, commune de la province d'Alexandrie par M. Vaschetti, il y a eu en moyenne *chaque année* 21 orages dont 2 orages à grêle pendant la période 1875-1884. La fréquence des grêles a augmenté les années suivantes et il y a eu de 1885 à 1899 en moyenne *chaque année* 32 orages dont 2,9 avec chute de grêle. Pendant l'année 1899 4 orages à grêle ont éclaté sur la commune de Vignale, 6 sur celle de Casale dans la même région.

D'après M. le comte Almerigo da Schio, directeur de l'observatoire olympique de Vicence, il tombe sur le territoire de cette commune de la grêle deux à trois fois par an. La fréquence des chutes de grêle y a augmenté de 1858 à 1897; pendant la 1re décade la fréquence des chute de grêle est exprimée par 1,8, pendant la 2e décade par 3,0, pendant la 3e décade par 3,0 et pendant la 4e décade par 3,4. Ces chiffres d'extrême fréquence sont réalisés et même dépassés par plusieurs stations de la région montagneuse où s'étend le vignoble de la province de Vicence. On comprend dès lors facilement comment les résultats des tirs supprimant la grêle depuis deux ans pour certaines communes de ces régions ont pu convaincre rapidement les plus incrédules en démontrant assez clairement l'efficacité de la nouvelle méthode de lutte contre les nuages à grêle.

La fréquence des chutes de grêle est variable avec les saisons. D'après M. Ch. André, directeur de l'observatoire de Lyon, le nombre des jours d'orages dans le département du Rhône serait représenté, d'avril à octobre, par les chiffres suivants en regard desquels on a indiqué le coefficient de violence des orages observés.

FRÉQUENCE DES ORAGES (RHONE)

MOIS	CHANCES D'ORAGES EN CENTIÈMES	COEFFICIENT DE VIOLENCE
Avril..	2,8	1,8
Mai.	5,2	3,4
Juin.	6,9	3,2
Juillet.	8,7	5,5
Août.	7,3	4,6
Septembre.. . .	2,6	4,1
Octobre.. . . .	2,3	5,7

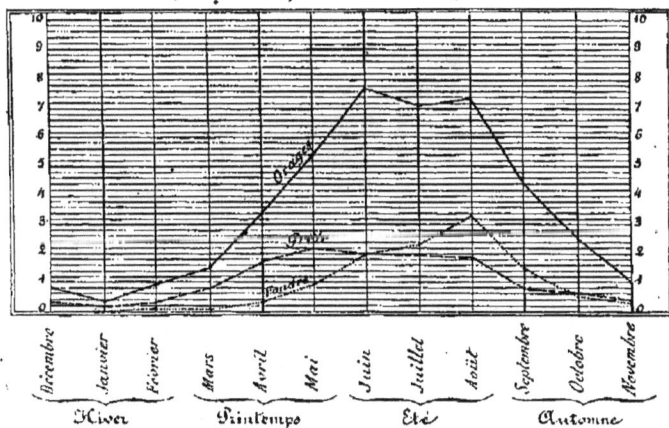

Moyenne de la répartition mensuelle des Orages observés pendant une période de 25 ans (1875-1899)

FIG. 13. — Orages, chutes de grêle et chutes de foudre dans le département de l'Hérault.

HOUDAILLE. — Les orages à grêle.   4

La période la plus orageuse de l'année serait pour ce département la seconde quinzaine de juillet et la première huitaine du mois d'août.

Dans l'Hérault la statistique de M. Vieillot indique la même variation annuelle dans la fréquence des orages aussi bien que dans le nombre de chutes de grêle par an. La date du maximum de fréquence est toutefois plus hâtive et correspond au mois de mai.

FRÉQUENCE DES ORAGES ET DES GRÊLES (HÉRAULT)

MOIS	NOMBRE MOYEN D'ORAGES	NOMBRE MOYEN de CHUTES DE GRÊLE
Décembre. . . .	0,8	0,3
Janvier.	0,3	0,2
Février.	0,9	0,3
Mars.	1,6	0,8
Avril.	3,4	1,7
Mai.	5,4	2,2
Juin.	7,7	2,0
Juillet. . . .	7,3	2,0
Août.	7,5	1,9
Septembre.. . .	4,3	0,7
Octobre.	2,5	0,6
Novembre. . . .	1,0	0,4

Cette même statistique indique qu'il n'y a pas corrélation absolue dans la fréquence des orages, des chutes de grêle et des chutes de foudre. Le mois le plus orageux est pour l'Hérault le mois de juin, les mois pendant lesquels les chutes de foudre ont été le plus fréquentes sont les mois de juillet et d'août ; le mois qui a compté le plus de chutes de grêle est celui de mai.

Le tableau suivant indique d'après un travail des *Assurances générales* de Venise cité par M. Ottavi dans *les tirs contre la grêle* quelle est la fréquence comparée des chutes de grêle par mois dans les diverses régions de l'Italie pour une période de 15 années.

JOURNÉES DE GRÊLE PAR MOIS

	PIÉMONT	LOM-BARDIE	VÉNÉTIE	ÉMILIE	ITALIE DU CENTRE ET DU MIDI
En Avril	0,9	3,0	3,4	3,1	0,4
Mai	3,8	6,7	5,0	5,2	2,1
Juin	6,8	7,9	5,1	5,7	4,0
Juillet	7,1	5,6	4,1	4,4	1,5
Août	5,4	5,5	3,0	3,4	0,6
Septembre	2,4	2,5	2,0	2,3	0,0
Octobre	0,3	0,2	0,1	0,2	0,2
TOTAL	26,4	31,4	22,8	24,3	8,8

On voit que la période la plus dangereuse s'étend en Italie du mois de mai au mois de septembre ; les maxima de fréquence ont lieu en mai et en juin de même que dans le Midi de la France. A une latitude plus élevée dans le centre de la France les chutes de grêle les plus nombreuses ont lieu en juillet et août.

En Styrie le mois où les orages sont le plus fréquents de même que les chutes de grêle est celui de juillet comme le montre le tableau suivant dressé par M. Prohaska :

ORAGES[1] ET GRÊLES[2] EN STYRIE

MOIS	FRÉQUENCE DES ORAGES pour cent	CHUTES DE GRÊLE Total	CHUTES DE GRÊLE Pour cent
Janvier	0,1	2	0,05
Février	(0,0)	(1)	(0,02)
Mars	0,7	48	1,32
Avril	2,7	199	5,49
Mai	12,3	503	13,50
Juin	24,3	858	23,33
Juillet	(28,9)	(1 127)	(31,11)
Août	22,3	574	16,80
Septembre	6,6	255	7,03
Octobre	1,5	35	0,97
Novembre	0,5	13	0,35
Décembre	0,1	1	0,03
	100,0	3 616	100,00

1. D'après une série de 12 années.
2. D'après une série de 5 années.

La périodicité annuelle des orages et des grêles est
encore plus accusée dans cette dernière région que
dans les précédentes. Les mois de beaucoup les plus
orageux sont juin, juillet et août. Les mois les plus
éprouvés par les chutes de grêle sont mai, juin, juillet
et août.

THÉORIES DE LA FORMATION DE LA GRÊLE

Les théories proposées pour expliquer la formation
de la grêle pendant les orages sont très nombreuses.
De plus chacune d'elles fait le plus souvent appel à
plusieurs théories auxiliaires qui s'associent en nombre
variable pour constituer la théorie générale exposée
par chaque auteur. M. L. Bombicci, auteur lui-même
d'une théorie spéciale de la formation de la grêle,
relève dans l'établissement d'une seule théorie de la
grêle exposée par M. Marangoni l'intervention de 30
théories auxiliaires qui, en s'ajoutant, suffisent à expliquer la formation d'un modeste grêlon.

L'exposé de ces diverses théories présente non seulement un intérêt pour la satisfaction de l'esprit, mais
nous estimons que leur connaissance peut devenir très
utile pour une meilleure interprétation des faits observés dans le résultat des tirs contre la grêle. Faute
d'une théorie toute prête pour y appliquer le résultat
d'une observation, tel fait, très important pour l'organisation de la défense, pourra passer inaperçu. Les
théories scientifiques, surtout dans ce cas particulier,
sont comme des casiers tout prêts dans lesquels l'observateur dépose sur l'heure le fait observé se réser-
vant d'opérer plus tard lui-même ou par d'autres le

dépouillement des documents confiés à ce classeur d'un genre particulier.

C'est dans cet esprit que nous nous efforcerons d'exposer successivement avec quelques détails mais aussi avec quelque méthode les diverses théories proposées pour expliquer la formation de la grêle.

Bien que les diverses théories invoquées s'enchevêtrent parfois l'une dans l'autre nous les ramènerons à 5 groupes principaux :

Théorie mécanique.
Théorie de la surfusion.
Théorie de la sursaturation.
Théorie de la cristallisation.
Théorie électrique.

Théorie mécanique. — Si l'eau avait une densité voisine de celle de l'air rien ne serait plus facile que d'expliquer la formation de la grêle. La lente descente du cristal de glace qui se produirait alors permettrait d'expliquer très bien son grossissement progressif pendant la traversée lente des couches d'air humides et progressivement refroidies qu'il rencontrerait sur son passage. Toute la difficulté d'expliquer la formation d'un grêlon dont le poids peut atteindre exceptionnellement jusqu'à 1 kilogramme consiste à montrer comment dans la durée d'un trajet qui paraît devoir être assez court la vapeur d'eau très diluée dans l'atmosphère a le temps de se condenser en un même point pour constituer un bloc de glace représentant parfois la vapeur d'eau saturante de plusieurs mètres cubes d'air.

Les théories mécaniques de la formation de la grêle ont pour but d'expliquer comment un grêlon peut rester suspendu dans le nuage orageux un temps suffisant pour justifier son accroissement. M. Faye qui a étudié

si attentivement comme astronome les tourbillons descendants de l'atmosphère solaire devait transporter
cette même théorie dans nos orages terrestres. Pour
lui la rencontre de deux courants contraires ou encore
de même sens mais de vitesse inégale dans les hautes
régions de l'atmosphère donnerait naissance à un tourbillon à axe vertical dont les spires animées d'une
grande vitesse seraient orientées vers le bas et entraî-
neraient dans cette direction les corps en suspension,
grains de grésil, cristaux de glace, gouttes de pluie,
empruntés aux nuages supérieurs. Le grain de grésil,
embryon du grêlon, prendrait dans cette hypothèse le
chemin du sol mais au lieu d'y arriver en ligne droite
il suivrait en quelque sorte la voie d'un escalier tournant qui ne le déposerait à terre qu'après lui avoir fait
exécuter un voyage circulaire assez prolongé à l'intérieur du nuage.

Dans cette hypothèse le tourbillon large dans le
haut et étroit vers le bas serait à la fois un collecteur
d'humidité emprunté à une large surface des nuages
supérieurs et un transformateur qui en réunissant cette
masse de vapeur ou de gouttelettes liquides sur un
rayon d'action étroit sèmerait la grêle sur son trajet.
Les tourbillons créés dans l'atmosphère quelle que soit
d'ailleurs leur origine ne sont pas en effet stationnaires
mais poursuivent leur route dans une direction déterminée. Ce que nous avons désigné sous le nom de
sillon de grêle ne serait autre chose que la trace du
parcours du tourbillon dans l'atmosphère. Dans le cas
de sillons de grêle parallèles, on invoquerait l'existence
de deux tourbillons distincts chassés l'un et l'autre
dans la même direction par un même courant général
de l'atmosphère.

M. Faye confirmait dans l'exposé de sa théorie de
la grêle faite à l'Académie des sciences la genèse du

météore par l'action des tourbillons en l'appuyant sur l'observation suivante :

« Dans la journée du 13 juillet 1788 un orage demeuré célèbre parcourut la France et une partie de l'Europe méridionale jusqu'à la Baltique du Sud-Ouest au Nord-Ouest avec une vitesse de 16 lieues et demie à l'heure, ravageant sur deux bandes parallèles de 3 à 4 lieues de largeur chacune un énorme espace de terrain et produisant des dégâts estimés officiellement en France à 24 millions de francs. Les grêlons ovoïdes et armés de pointes étaient énormes : quelques-uns ont atteint le poids de 250 grammes. Il y avait là évidemment deux mouvements tourbillonnaires accouplés voyageant de conserve à grande vitesse, séparés par un intervalle à peu près constant de 4 ou 5 lieues et fonctionnant aux dépens des inégalités de vitesse du courant supérieur qui à cette époque coulait dans cette direction comme le font souvent aujourd'hui nos cyclones, nos orages et nos trombes. On pourrait citer bien d'autres faits plus récents du même genre quoiqu'en général la chute de la grêle ne soit pas aussi continue qu'en cette occasion. »

M. Faye ajoutait : « je considère le phénomène des trombes comme une vérification directe de cette théorie ; mais il s'agit du point spécial de la formation de la grêle, et si l'on voulait constater *de visu* le mouvement tourbillonnaire à spires *horizontales* qui soutient les grêlons dans le nimbus où ils se forment et s'accroissent, il faudrait absolument pénétrer dans le nuage lui-même, car d'en bas un voile opaque nous masque tout ce mécanisme. »

Quelques observations de chute de grêle faites dans les montagnes à une certaine altitude, Puy-de-Dôme, Pic du Midi, semblent confirmer la théorie de M. Faye pour un certain nombre d'orages à grêle où les grêlons

étaient chassés très obliquement jusqu'à la surface du
sol. Il est inutile de faire remarquer que l'observation
de la vraie trajectoire des grêlons dans un nuage pendant leur formation est très difficile. Si l'on s'élève sur
les flancs d'une montagne, les remous provoqués par
le heurt du vent contre le sol masquent la vraie direction des courants dans les nuages situés à cette altitude, mais en dehors de l'action de la montagne. Si
l'on se place au-dessous du nuage à grêle les nuages
inférieurs cachent le mécanisme de la circulation des
grêlons, dont on ne peut vérifier que la seule direction
à l'arrivée, plus ou moins oblique si la chute de grêle
coïncide avec un vent plus ou moins violent à la surface du sol. La chute est au contraire verticale si l'air
est calme, comme au début de beaucoup d'orages,
mais dans ce cas il n'est pas possible d'affirmer que
cette direction soit celle du grêlon dans la région où il
se forme.

Les partisans de la théorie mécanique de la formation de la grêle font d'ailleurs observer avec raison que
la chute d'un grêlon, s'il est de petites dimensions, n'est
pas aussi rapide qu'on pourrait le supposer à cause
du frottement de l'air rencontré pendant la chute.
M. Plumandon, météorologiste à l'observatoire du
Puy-de-Dôme, a plusieurs fois dans ses publications
sur la genèse des hydrométéores insisté sur cette cause
qui tend à faciliter le développement du grêlon, et a
calculé la vitesse pour laquelle la résistance de l'air
ferait équilibre au poids du grêlon. Il a utilisé pour
cela la relation qui lie la pression P développée sur une
surface donnée d'un corps au repos à la vitesse V du
courant d'air agissant : $P = kV^2$, $k = 0,125$, P est la
pression en kilogrammes par mètre carré de surface
pour une vitesse V exprimée en mètres à la seconde.

On obtient par ce calcul les indications suivantes :

Diamètre des grêlons :		VITESSE DE CHUTE
	$1^{m/m}$	$2^m,12$
—	2	3 13
—	3	3 83
—	4	4 42
—	5	4 95
—	6	5 42
—	7	5 86
—	8	6 26
—	9	6 64
—	10	7 00
—	20	9 90
—	30	12 12
—	40	14 00

Un grêlon de 1 centimètre de diamètre commence son parcours avec un diamètre de 2 ou 3 millimètres, grosseur du grain de grésil, sa vitesse de chute est alors très faible $3^m,50$ par seconde ; elle augmente progressivement mais sans dépasser 7 mètres par seconde, de telle sorte qu'il lui faut près de 10 minutes pour tomber d'une hauteur de 3000 mètres, à raison d'une vitesse moyenne de chute de 5 mètres par seconde. Si au lieu d'admettre une chute directe suivant la verticale nous assujettissons le grêlon à parcourir les spires d'un tourbillon à axe vertical la durée de chute pourra être considérablement augmentée.

Divers faits semblent indiquer que dans certaines conditions de l'atmosphère un bloc de glace d'une certaine épaisseur peut se former par l'apport de gouttelettes liquides transportées par un nuage et venant heurter un corps froid. Dans les observations météorologiques faites en montagne cette rapide formation du verglas sur les réservoirs des thermomètres exposés au brouillard à basse température rend parfois les observations de température très difficiles. Dans l'intervalle de deux observations trihoraires le cadre de suspension des thermomètres sous l'abri est fréquemment immobilisé par la formation d'un épais revêtement de glace (verglas) résultant de la solidification des gouttes de pluie ou des cristaux de glace arrêtés au passage par des corps à basse température.

La théorie de M. Faye et la remarque de M. Plumandon paraissent s'appliquer de préférence aux nuages où la grêle se formerait à une grande hauteur au-dessus du niveau du sol 3 000 et 4 000 mètres et même au delà. Mais dans le cas de nuages à grêle, compris entre 800 et 1 500 mètres, la théorie des tourbillons à axe vertical rencontre dans son application de réelles difficultés. Comment admettre dans ce cas le transport de l'énergie des courants supérieurs de grande altitude dans un nuage assez rapproché du sol, alors surtout qu'un certain calme de l'atmosphère paraît présider à la formation de ces orages locaux.

M. le Pr Roberto [1], inspecteur des études de la province d'Alexandrie, a récemment formulé une théorie qui s'applique assez bien au cas de ces nuages à grêle de faible altitude. Elle consiste à admettre la formation d'un tourbillon, non plus à axe vertical, mais à axe horizontal dont M. Roberto explique ainsi le mécanisme de formation :

« Les orages avec grêle sont précédés d'une période plus ou moins longue de beau temps pendant laquelle le sol et l'atmosphère se réchauffent plus que d'ordinaire. Aussitôt que s'élève une légère brise du Midi chaude et humide donnant une sensation d'étouffement et d'oppression, l'orage ne tarde pas à se former. L'office central de météorologie indique dans ses bul-

1. Giuseppe Roberto, I Vortici (Torino, 1899).
Giuseppe Roberto. La grandine è gli spari, 1899.

lctins de prévision du temps : *orage probable sur la haute Italie,* toutes les fois que dans la vallée du Pô la température et l'humidité de l'air sont supérieures à la normale, le baromètre étant stationnaire et l'atmosphère tranquille.

« Suivant le degré d'humidité de l'air, il peut se produire deux phénomènes absolument différents.

« Si l'air n'est pas trop humide, il se forme une simple brise entre la montagne et la plaine, entre la colline et le fleuve, comme ailleurs entre la plage et la mer. De la montagne descend l'air moins chaud qui va dans la plaine tenir la place de l'air plus chaud qui s'élève du sol surchauffé. Ainsi se forme la brise ordinaire.

« Si au contraire l'air est très humide, alors se développent les orages. Dans ce cas l'air chaud et très humide qui se soulève ne peut contenir toute la vapeur d'eau dont il est chargé et en laisse condenser une partie en se refroidissant un peu pendant qu'il s'élève. L'air dilaté à l'origine par sa température relativement élevée se raréfie toujours davantage et tend à s'élever avec une vitesse de plus en plus grande ; il se produit un plus grand appel de l'air froid de la montagne ; la circulation s'accélère.

« Comme la cause de l'accélération du mouvement rotatoire se trouve à une certaine hauteur et précisément à la hauteur où se forment les cumulus, c'est en ce point que s'établit l'axe autour duquel se développe le mouvement giratoire qui prend alors le caractère propre des tourbillons et donne naissance à la trombe horizontale qui constitue l'orage à grêle. »

En assignant à la résistance de l'air sa valeur minima, on calcule en effet qu'un vent ascendant de 10m,50 par seconde peut soutenir en l'air un grêlon de 5 millimètres de diamètre. Pour empêcher la chute d'un grê-

lon de 10 millimètres, il faudrait un vent de 15 mètres
par seconde et pour un grêlon de 20 millimètres un
vent de 21 mètres seulement[1]. Cette remontée des grêlons s'entre-choquant les uns les autres expliquerait le
bruit de noix que l'on entend très distinctement avant
ou pendant l'évolution des orages à grêle. Elle expliquerait également la soudure fréquemment observée
de plusieurs grêlons en un seul, comme s'ils avaient
été comprimés et associés par le phénomène du
regel.

M. Roberto explique ensuite la formation de la grêle
dans ce tourbillon à axe horizontal par le refroidissement de l'air raréfié qui en occupe le centre, tandis
que le grêlon grossit progressivement dans la partie
du tourbillon où règnent les courants ascendants. Le
grêlon serait ainsi remonté constamment comme le
grain de blé à l'intérieur du trieur de grain à cylindre,
jusqu'à ce que son poids devenu trop élevé en détermine la chute.

Voici d'ailleurs, d'après M. Roberto, l'exposé de
cette seconde partie de la théorie :

« Dans la trombe horizontale, le long de l'axe et
jusqu'à une certaine distance de l'axe, le vide tend à
se former. La masse d'air en rotation reste à l'intérieur limitée par une surface cylindrique engendrée
par une ligne qui resterait parallèle à l'axe. L'air
extérieur à la trombe se précipite donc dans le vide
central à mesure qu'il se forme en pénétrant par le
côté où la température est plus faible et la pression
plus élevée. Il existe par suite sur une même verticale trois courants parmi lesquels l'inférieur et le supérieur dus au mouvement rotatoire sont directement
opposés comme direction. Le courant intermédiaire

---

1. Angot, *Traité de météorologie*, p. 351.

dû à la rentrée de l'air qui se précipite vers le vide central est perpendiculaire aux deux autres.

« Comme la force centrifuge par laquelle se forme le vide central est très grande, même pour une vitesse de rotation modérée, il se produit par expansion un abaissement de température assez fort pour expliquer la formation des chutes de grêle les plus abondantes. Il n'est pas inutile de rappeler que la glace artificielle est fabriquée avec des machines qui produisent la rapide détente d'un gaz ou d'une vapeur dans un récipient où l'on a placé le liquide à congeler.

« Il se forme tout d'abord dans le tourbillon à axe horizontal de petits noyaux de glace semblables à ceux qui tombent l'hiver sous forme de grésil. Ces premiers noyaux transportés par le mouvement tourbillonnaire au travers de l'air chaud et humide qui se refroidit par sa détente, croissent rapidement par la superposition d'enveloppes de glace concentriques et finalement lancés en dehors du tourbillon comme une pierre par la fronde tombent vers le sol. »

Dans cette théorie, M Roberto explique l'action des tirs sur la suppression de la grêle de la manière suivante : Les projectiles d'air lancés par les canons (anneau gazeux ou tore) viennent heurter vers le bas à une altitude modérée 800 à 1 200 mètres, les spires inférieures du tourbillon, qui se trouvent rompues en un ou plusieurs points. Si le tir est opéré par un canon isolé, la spire interrompue par le projectile se cicatrise et le tourbillon se reconstitue; si, au contraire, la trombe est attaquée simultanément sur plusieurs points de son parcours, les spires du tourbillon sont rompues en plusieurs endroits, le mouvement rotatoire désorienté est détruit et la grêle cesse de se former. Dans cette hypothèse, l'action des tirs doit être locale, le tourbillon générateur de la grêle pourra en effet se

reformer en dehors de la région défendue par les tirs
là où les conditions atmosphériques rapportées plus
haut se trouveront réalisées. Le tourbillon formé sur
ces régions sera le plus souvent le prolongement de la
trombe dont un élément a été détruit sur un certain
parcours. Le sillon de grêle interrompu par les tirs
pourra se continuer au delà et réapparaître dans le
prolongement de sa direction à l'origine.

En se basant sur plusieurs observations de M. Fer-
rari relatives à l'orientation des orages par les chaînes
de montagne dans la Lombardie et le Piémont, M. Roberto est amené à admettre pour la naissance de la
grêle une hauteur beaucoup plus faible que celle qui a
en général été attribuée au plan de formation de ce
météore. Il s'est efforcé également de déterminer par
la mesure de la durée des chutes de grêle et par l'estimation de la vitesse de translation des tourbillons, la
dimension des trombes à axe horizontal qu'il rend res-
ponsable de la création des grêlons. Dans les grands
orages à grêle pendant lesquels la grêle ou la pluie
violente ne durent pas plus de 5 minutes, avec une
vitesse de propagation de 1 kilomètre par minute, la
largeur maxima serait de 5 kilomètres. Pendant les
petits orages à grêle dont la durée n'excède pas 1 minute avec une vitesse de propagation de 1/3 de kilomètre par minute, la largeur de la trombe serait de
300 mètres environ. L'axe du tourbillon serait situé à
une hauteur variant entre 100 et 1000 mètres ; la
longueur du tourbillon varierait de 10 à 300 kilomètres,
sa largeur de 300 à 5 000 mètres, sa hauteur totale de
200 à 2 000 mètres.

Théorie de la surfusion. — On peut, comme l'a fait
Isidore Pierre dans ses expériences sur la dilatation
des liquides, abaisser la température de l'eau dans le
canal capillaire et dans le réservoir d'un thermomètre

jusqu'à 20° au-dessous de zéro sans déterminer sa congélation. L'eau se maintient dans ces conditions
liquide bien au-dessous de sa température normale de
congélation de 0°; il y a surfusion.

Si l'on vient à briser la tige du thermomètre ainsi
refroidie, l'eau se congèle instantanément. Il en est
de même si l'on projette un cristal de glace dans de
l'eau surfondue au-dessous de zéro. L'ébranlement ou
l'introduction d'un cristal de la substance déterminent
la congélation du liquide soumis à la surfusion. Les
conditions qui président à la surfusion sont un repos
absolu de la substance ou l'intervention des phénomènes capillaires, eau contenue dans un tube capillaire, gouttelettes de très faible diamètre en suspension
dans l'atmosphère ou gouttes de plus grosses dimensions suspendues au sein d'un liquide de densité voisine.

La vapeur d'eau en dissolution dans l'atmosphère
présente comme première phase de condensation l'état
vésiculaire ou plus exactement globulaire dans lequel
la vapeur se résout en petits globules de 1 à 3 cen-
tièmes de millimètre. Ces globules en suspension dans
l'air à cause de leur faible masse et de la grande surface de frottement qu'ils développent dans leur chute
par rapport à leur faible masse peuvent, en équilibrant
leur température avec celle de l'atmosphère, conserver
leur état liquide à une température bien inférieure à
zéro. Mais si à la suite d'un choc l'un de ces globules
vient à se solidifier, le cristal qui en résultera détermi-
nera en venant à son tour heurter les globules voisins
surfondus leur congélation instantanée en se recou-
vrant d'une pellicule de glace solide. De telle sorte que
le globule primitif solidifié s'accroîtra de proche en
proche du volume de tous les globules voisins et se
transformera en un grain de glace plus ou moins volu-

mineux qui pourra atteindre la dimension d'un grêlon
si le phénomène se manifeste dans une atmosphère
très riche en vapeur d'eau à l'origine.

Cette théorie de la surfusion appliquée à la formation de la grêle a été développée plus récemment avec
beaucoup de soin par M. D. Puig Soler[1] qui après
avoir défini la grêle : la congélation après surfusion
d'une certaine quantité de vapeur d'eau contenue dans
l'atmosphère interprète ainsi la formation de ce météore.

La vapeur d'eau produite par l'évaporation s'élève
vers les régions supérieures de l'atmosphère. Si dans
son mouvement ascensionnel cette vapeur se liquéfie
et se congèle, on voit apparaître des cirrus. Si la vapeur d'eau s'arrête dans son mouvement ascensionnel
restant en repos absolu et à l'état transparent, elle
acquiert bientôt la température du milieu environnant
toujours bien inférieure à 0°. Elle est alors à l'état de
surfusion en attendant la secousse qui produira la
congélation brusque.

En effet, si dans ces conditions un orage pénètre
dans la couche atmosphérique qui se trouve au-dessous du banc de vapeur d'eau en surfusion, la différence de pression atmosphérique créée entre la tourmente et le nuage surfondu produit un remous qui
détermine la congélation de l'eau en surfusion dans le
nuage supérieur.

Il y a par suite une grande différence entre les
tourmentes et les orages à grêle. Plusieurs tourmentes
peuvent traverser l'atmosphère sans qu'il tombe un
seul grêlon, mais il est impossible qu'il grêle sans la
présence d'une tourmente qui vienne par un choc
produire le mouvement nécessaire à la congélation.

1. D. Puig Soler, *Metereologia dinamica*, 1900.

Les éléments constitutifs de la grêle peuvent ainsi rester inactifs dans un ciel bleu.

M. Puig Soler montre ensuite que cette théorie est d'accord avec les principaux faits d'observation relatifs à la formation de la grêle :

1° *Le grêlon présente un noyau opaque avec une enveloppe transparente ou translucide.* Le noyau opaque est dans la théorie de la surfusion le produit de la vapeur d'eau solidifiée brusquement. Son diamètre est d'autant plus gros que le banc de vapeur amené à l'état de surfusion était plus épais. Les cristaux en mouvement dans la masse atmosphérique refroidie se soudent entre eux et bientôt le grêlon tombe réunissant à sa masse de nouveaux cristaux.

Une fois le banc en surfusion traversé, la formation du noyau opaque cesse et le grêlon continue à descendre solidifiant les vésicules aqueuses qu'il rencontre dans sa chute. Celles-ci ne se trouvant pas en surfusion se soudent au grêlon et se solidifient en une enveloppe transparente.

On peut observer ce phénomène de la formation de la glace opaque ou transparente, suivant les conditions de repos ou de mouvement de l'eau employée à la fabrication de la glace artificielle. Si l'eau est en repos absolu, la glace est opaque ; si la masse liquide est agitée, la glace est transparente.

Pendant le printemps la chute de grêlons complètement opaques sans zone transparente est fréquente. La surfusion de l'eau s'effectue alors à une hauteur moindre et les molécules liquides n'ont pas le temps d'adhérer à la masse opaque et de se solidifier autour d'elle en glace transparente.

M. Puig Soler montre ensuite pourquoi d'après cette théorie la *grêle tombe habituellement avant la pluie, quelquefois pendant qu'il pleut, jamais à la fin de la bourrasque.* La congélation se produit en effet dès l'arrivée de la bourrasque, dont le choc ébranle le nuage chargé de la vapeur à l'état de surfusion.

Si la *grêle ne tombe pas en hiver,* cela vient de ce que pendant cette saison la vapeur d'eau monte jusqu'à des régions moins élevées de l'atmosphère; elle ne peut par suite y trouver le calme, condition nécessaire de l'établissement de l'état de surfusion.

Enfin, la *grêle tombe rarement à l'intérieur des grandes étendues marines,* parce que la chaleur solaire absorbée en plus grande quantité par le travail de l'évaporation ne détermine plus l'ascension de la vapeur d'eau qu'à une moindre hauteur. La vapeur reste alors sous l'action des courants thermiques et des changements rapides de pression barométrique qui l'agitent et l'empêchent d'entrer en surfusion.

Pour M. Puig Soler, le tir contre la grêle agit essentiellement par la commotion transmise jusqu'au banc de vapeur en surfusion. Ce tir devrait avoir pour résultat de provoquer la formation de la grêle; si celle-ci est remplacée par de la neige, cela tient à ce que les couches d'air interposées entre le sol et le banc de vapeur arrêtent en partie la trépidation qui n'atteint que la partie inférieure du nuage à l'état de surfusion. Les flocons de neige qui en résultent tombent tantôt jusqu'au sol ou se transforment en gouttes de pluie s'ils rencontrent sur la route des nuages à température plus élevée.

M. Puig Soler estime que si l'on tire des coups de canon par un temps clair et serein et s'il existe en même temps au-dessus de la région des tirs un banc de vapeur à l'état de surfusion, on verra apparaître instantément un cirrostratus de la même étendue que celle de ce dernier. Telle serait l'explication des chutes de pluie survenues après les grandes batailles enga-

gées par un ciel clair, ou après l'explosion de poudrières de Rome, de Toulon (Lagoubran) et plus
récemment d'Avigliana. A Toulon, le ciel avant l'explosion était clair et sans nuage visible. Ce même résultat peut d'ailleurs être obtenu par l'intervention du
phénomène de sursaturation dont nous allons nous
occuper.

Théorie de la sursaturation. — De même que l'eau
peut rester liquide sans cristalliser au-dessous de sa
température normale de solidification (surfusion); de
même la vapeur d'eau peut aussi se dispenser de prendre l'état liquide, bien qu'elle soit amenée à une température inférieure à son point de rosée (sursaturation). Lorsqu'une masse d'air à peu près saturée de
vapeur est progressivement refroidie, elle laisse en
général se condenser sa vapeur aussitôt que la température s'abaisse au-dessous de celle qui correspond à
celle de la *tension maxima saturante*; mais si l'atmosphère est en repos et dépourvue de toute poussière
ou de tout globule d'eau provenant d'une condensation antérieure, la température pourra encore être
abaissée de quelques degrés sans que la vapeur se
transforme en liquide.

On doit à M. Aitken une expérience fort instructive
qu'il a utilisée pour le dénombrement des poussières
de l'air. L'appareil qui sert à cette mesure est formé
d'une chambre cylindrique terminée par deux glaces
parallèles. La paroi de cette chambre est revêtue à
l'intérieur d'une enveloppe de papier buvard saturé
d'eau. Une petite palette mobile à l'intérieur permet
l'agitation de l'air et la saturation parfaite de l'atmosphère de la chambre. A l'aide d'une petite pompe
attenante à cette chambre, on y introduit quelques
centimètres cubes empruntés à l'air extérieur; cet air
y apporte les poussières qu'il tient en suspension. Si

l'on vient alors à refroidir brusquement l'air de la
chambre en produisant sa raréfaction par le jeu de la
même pompe, on voit aussitôt, grâce à un oculaire
grossissant, de petits projectiles tomber sur la glace
inférieure. Ils sont assez volumineux pour que l'on
puisse en opérer le dénombrement; au centre de chacun d'eux se trouve un grain de poussière; leur grossissement est dû à ce qu'ils ont recueilli à eux seuls
toute la vapeur d'eau de la chambre, qui sans leur
présence et sans celle des parois aurait pu rester à
l'état de sursaturation.

La présence des poussières dans l'atmosphère a été
constatée jusqu'à d'assez grandes hauteurs. On sait
cependant par les expériences de Pasteur que l'air des
hautes montagnes est à peu près dépourvu de germes
et de poussières. A plus forte raison les régions de
l'atmosphère de même altitude, qui sont éloignées du
sol, peuvent se trouver à peu près complètement dé-
pourvues de poussières et par suite manquer parfois
d'amorces nécessaires pour entraîner la condensation
de la vapeur contenue dans l'atmosphère.

On comprend par suite que si un grain de grésil
formé dans un nuage supérieur vient à traverser une
nappe inférieure de cette atmosphère sursaturée, il
pourra y déterminer par sa présence une condensation
très rapide de vapeur qui se précipitera à sa surface
en lui formant un revêtement liquide ou solide, suivant la température de cette transformation. Suivant
le cas, il se formera un grêlon ou de la neige demi-
fondue ou de grosses gouttes de pluie.

C'est à cette explication de la formation de la grêle
que se rattachent la théorie de M. Trubert, aussi bien
que les idées émises successivement par M. Bombicci
dès 1880, puis par M. Stiger pour interpréter l'action
des tirs sur les nuages à grêle.

Pour M. Bombicci, notamment, il faut chercher par les tirs à introduire dans l'atmosphère, sous forme de poussières dispersées par l'explosion, les amorces nécessaires à la condensation de la vapeur dans le nuage sursaturé. Plus on introduira d'amorces, plus la vapeur d'eau condensée sera divisée et, à la place de grêlons dangereux, on obtiendra soit de légers cristaux de neige, soit de simples gouttes de pluie. M. Bombicci croit que l'on obtiendrait une plus grande efficacité en substituant au projectile d'air lancé par le canon une bombe explosive dispersant dans le nuage à grêle des poussières condensatrices en beaucoup plus grande quantité. Il reste toutefois à trouver un moyen pratique d'estimer facilement la hauteur du nuage à transformer et de déterminer à cette même hauteur l'éclatement du projectile.

Théorie de la cristallisation. — La théorie de la cristallisation est, en quelque sorte, une théorie superposée aux deux théories précédentes, qu'elle complète en expliquant mieux le mécanisme probable de la formation d'un grêlon. Quelle que soit, en effet, le mécanisme de la solidification rapide de la vapeur, sursaturation ou surfusion, il n'est pas sans intérêt de rechercher les causes qui déterminent l'agglomération des particules de vapeur dispersées dans la masse du nuage pour les concentrer en un petit nombre de points représentés par les grêlons en voie de formation.

M. L. Bombicci, le savant organisateur du magnifique musée minéralogique de Bologne, commence par rappeler, en exposant [1] sa théorie de formation de la grêle, qu'elle lui a été inspirée par l'étude des anomalies de cristallisation et par celle des nombreuses formes globulaires à structure radiée que l'on rencontre

1. L. Bombicci. Spari contro la grandine, 1899.

fréquemment chez les substances minérales cristal-
lisées.

L'eau a une tendance toute spéciale à la cristallisation et l'on peut distinguer jusqu'à 8 formes particu-
lières de cristallisation pour cette même substance.

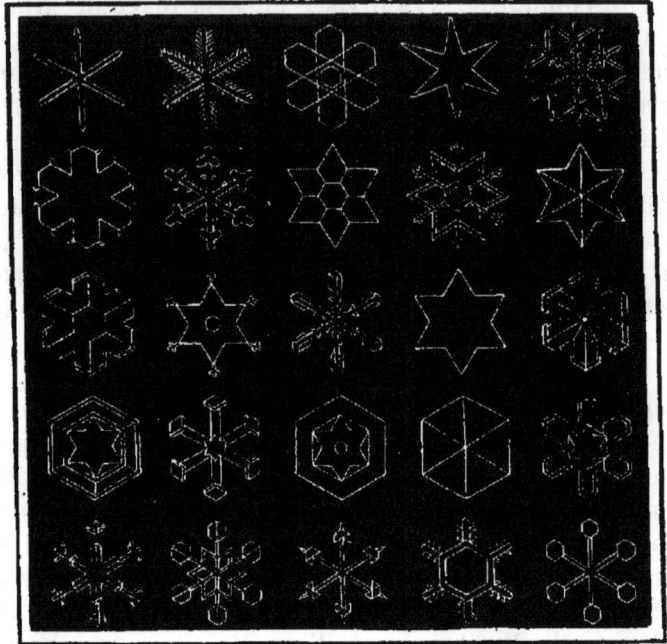

Fig. 14. — Prismes du type hexagonal associés en étoiles
(cristaux de neige).

Chacune de ces formes correspond à des conditions
différentes de cristallisation ; en voici la nomenclature :

1° *Prismes* fins, délicats et filiformes, de type hexagonal. Cette forme se rencontre dans les cirrus et dans les flocons de neige commune.

2° *Étoiles* formées par l'association de cristaux du type hexagonal associés entre eux avec une extrême élégance et une grande variété. Ces étoiles s'observent fréquemment dans les chutes de neige calmes dans un air froid et sec.

Fɪɢ. 15. — Fleurs de glace.

3° *Verticilles* ou grands assemblages formés de lamelles disposées en forme de feuilles, de larges pétales imbriqués en corolles polypétales, ressemblant parfois à de magnifiques fleurs de camélia. On les a appelés *fleurs de neige* et ils ont été observés sur des régions très étendues en France et en Italie pendant les hivers de 1879 et de 1890.

4° *Dendrites* ou buissons de délicates ramifications, merveilles d'élégance et de variété ; se font admirer pendant les gelées matinales, où ils se développent en forme de volute, de spirale, de feuilles sur les vitres de nos fenêtres, à l'intérieur des habitations pendant les froids de l'hiver.

5° *Glaçons* massifs, avec leurs faces limpides, de structure largement cristalline, hexagonale, se présen-tant tantôt en concrétions stallactiformes, tantôt en

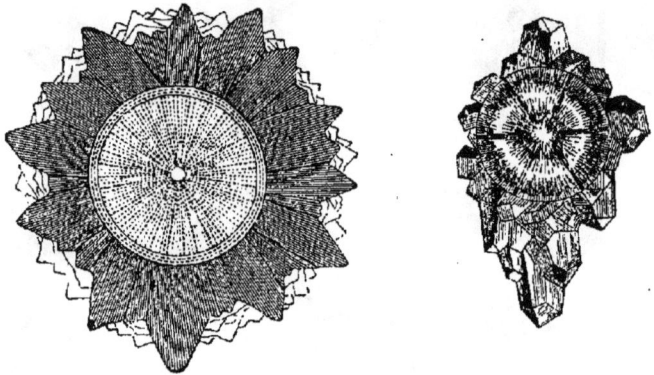

Fig. 16. — Nodules glaciaires de forme sphéroédrique (grêlon).

montagnes voyageant sur les océans polaires, tantôt en énormes blocs descendant des glaciers alpins.

6° *Nodules glaciaires de forme sphéroédrique*, so-lides et durs, avec symétrie cristalline concentrique à structure rayonnée, parfois fibreuse, moins transpa-rente au centre. *Ces nodules constituent le phéno-mène de la grêle.*

7° *Prismes hexagonaux pyramidés*, rappelant ceux

du quartz, réguliers, volumineux, s'observent parfois à la surface des grêlons.

8° *Arrangements moléculaires* dans les cristaux d'un grand nombre de substances (eau de cristallisation).

Pour M. Bombicci, la grêle est de l'eau cristallisée sphéroédriquement et voici quelles sont les quatre conditions indispensables à la production de ce mode spécial de cristallisation :

1° Le sol fortement chauffé pendant l'été, le développement des terrains incultes et par-dessus tout la surface aride et nue des montagnes déboisées déterminent surtout la formation de la grêle de mai à septembre.

2° L'air chaud raréfié et humide, en s'élevant, produit un appel de l'air voisin, mais cet air, plus humide en se réchauffant s'élève à son tour et favorise la plus grande élévation du courant d'air humide qui atteint progressivement les hautes régions de l'atmosphère.

3° Le courant d'air ascendant, parvenu à la hauteur de 2 500 à 3 000 mètres, laisse condenser sa vapeur, qui, à la basse température de ces régions, se transforme soit en petits prismes hexagonaux, fines aiguilles de glace, ou bien en granulations amorphes, dures, sèches, rugueuses, comme un gros sable d'eau congelée. Le premier mode de cristallisation demande un air calme, tandis que le second est provoqué par le trouble d'un vent rapide qui empêche l'arrangement cristallin régulier des cristaux de neige.

4° A la hauteur modérée où sont suspendus les nuages et à la faveur d'une température inférieure, mais voisine de zéro, se forment de petits prismes de glace qui s'électrisent par leur frottement contre eux et contre l'air où ils sont suspendus. Ces prismes, ainsi

électrisés, ont une tendance à se grouper rapidement
et à se fixer sur les corps solides qui, pour une cause
quelconque, pénètrent au milieu d'eux. Le vent, en
suspendant les prismes, aide puissamment cet effet
que la propriété physique du regel exalte et complète.
Il se forme ainsi une *incrustation* très active, que l'on
pourrait dire presque *agressive*, qui devient dans certains cas capable, comme l'ont observé les aréonautes
et les alpinistes, de cimenter la barbe, d'obturer la
bouche et les narines, de souder les doigts et de rendre
rigides les vêtements.

Lorsque ces quatre conditions se trouvent simultanément remplies pendant certaines journées et au-
dessus de certaines surfaces du sol, la grêle se forme
alors, d'après M. Bombicci, par le mécanisme suivant :

Les amas de granules congelés dans les nuages supérieurs tombent inévitablement en traversant l'essaim
des prismes aiguillés de glace situés au-dessous. Chaque
granule est immédiatement entouré d'un involucre
cristallin d'aiguilles de glace qui lui forme un premier
revêtement sur lequel s'ajoutera plus loin une seconde
assise de cristaux, puis une troisième. Ce phénomène
d'incrustation se continuera jusqu'à ce que l'augmentation de poids du granule primitif détermine sa chute
rapide vers le sol.

Si le nuage avait un mouvement lent de progression,
les granules l'abandonneraient bientôt et tomberaient
dès la première incrustation, mais, pendant les orages
à grêle, le nuage est tout entier violemment agité et
ballotté par le souffle de la tempête. Le granule est
donc projeté dans la direction du vent et contraint de
suivre une longue trajectoire parabolique descendante.

On comprend facilement que la chute du grain de
grésil puisse durer quelques minutes, grâce à la forme
parabolique de sa trajectoire, déterminée par le souffle

du vent. Pendant ce temps s'accroît la tension de l'électricité condensée à leur surface et cette charge électrique exalte la tendance des cristaux de glace à se grouper autour du granule. La rencontre des grêlons dans leur chute leur permet d'acquérir des volumes atteignant parfois celui d'une orange et quelquefois même celui d'un melon, avec des variétés de forme très nombreuses, dans lesquelles on distingue presque toujours une structure radiée analogue à celle de la plupart des concrétions globulaires, pisolithiques, sphéroédriques, observées dans le règne minéral.

M. Bombicci ramène ainsi le phénomène de la grêle aux lois naturelles de la cristallisation et il résume, dans le tableau suivant, les conditions de température et de milieu spéciales à chacune des quatre principales formes de condensation de la vapeur d'eau : 1° *pluie normale* ; 2° *neige normale* ; 3° *averses brusques* ; 4° *grêle proprement dite.*

TYPE PLUIE

AU-DESSUS DE 0°	AU-DESSOUS DE 0°
Des régions supérieures de l'atmosphère descendent des poussières atmosphériques qui provoquent	
la condensation normale de la vapeur d'eau.	la condensation suivie de cristallisation en forme de neige.
gouttes liquides.	flocons et étoiles de neige
PLUIE NORMALE	NEIGE NORMALE

TYPE GRÊLE

AU-DESSUS DE 0°	AU-DESSOUS DE 0

L'évaporation estivale à la surface du sol détermine l'ascension de la vapeur d'eau

Essaims fréquents de corpuscules provoquant la rapide liquéfaction de la vapeur d'eau	et la formation de granulès de glace descendants et provoquant dans les nuages inférieurs des incrustations de prismes sur les granules.
	Formation sphéroédrique de la grèle.
AVERSES BRUSQUES	CHUTES DE GRÊLE

Dans la théorie de la cristallisation sphéroédrique que nous venons de rapporter, le rôle principal est joué par le granule agglomérateur. Pour empêcher la formation de la grèle, il faudra supprimer la sursaturation ou faire cesser l'état de surfusion des gouttelettes liquides qui, en se congelant sur les groupements aiguillés, en déterminent la transformation en grêlon. On atteindra ce résultat en troublant l'atmosphère du nuage inférieur par le passage du projectile aérien, mais mieux encore, d'après M. Bombicci, en déterminant, à la hauteur de 1 500 à 2 000 mètres, l'explosion d'une bombe répandant d'abondantes fumées ou poussières condensatrices. Le moment le plus propice à

l'exécution des tirs sera celui qui précède la descente
des granules tombés des nuages supérieurs et qui
correspond à la période de calme particulier de l'atmosphère précédant les chutes de grêle.

Théorie électrique. — La théorie de la grêle basée
sur le développement de l'électricité atmosphérique
est l'une des premières qui ait été proposée pour expliquer la formation de ce météore. La théorie première est due à Volta. Pour lui, l'électrisation de sens
contraire de deux nuages superposés déterminerait,
comme dans l'expérience du carillon électrique ou de
la danse des pantins, la circulation répétée des grêlons
passant successivement d'un nuage à l'autre. Dans ce
trajet le grain de grésil, germe du grêlon, grossirait
progressivement jusqu'à ce que la décharge brusque
des deux nuages accompagnée d'un éclair jaillissant
entre eux leur permette de tomber vers le sol.

Cette théorie de Volta avait été ces dernières années
quelque' peu abandonnée par les physiciens parce
qu'il est assez difficile d'expliquer le transport d'un
nuage à l'autre à plusieurs centaines de mètres d'intervalle d'un grêlon volumineux et pesant sous la
seule action des tensions électriques mises en jeu pendant un orage.

M. le Pr Marangoni, de Florence, a rajeuni avec
succès cette théorie en la modifiant un peu et en la
perfectionnant. M. Marangoni limite de plus l'excursion du grêlon dans le nuage à une courte distance et
le soutient par l'action des vents supérieurs. L'hypothèse de Volta y gagne beaucoup en vraisemblance
pendant que M. Marangoni lui donne de nouveaux et
utiles points d'appui en faisant intervenir dans sa
construction le refroidissement énergique déterminé'
par l'évaporation et la cristallisation rapide de l'eau
provoquée par la rupture de l'état de surfusion.

Nous reproduisons ici cette théorie dont nous emprunterons l'exposé à l'auteur[1] lui-même.

« La sensation d'oppression causée par l'atmosphère indique un air chaud et saturé de vapeur d'eau qui, en empêchant la transpiration cutanée, nous oppresse et nous fait dire improprement en nous affectant que l'air est dense et pesant. L'air saturé d'humidité à la température de 30° contient par mètre cube 30 grammes d'eau à l'état de vapeur invisible. D'autre part les cirrus filamenteux indiquent un violent courant d'air supérieur dirigé vers les cumulus inférieurs. Ce courant en descendant se comprime et se réchauffe. L'humidité relative décroît par suite rapidement et peut s'abaisser à ne correspondre plus qu'au dixième de l'état de complète saturation. Aussi cet air très sec présente les meilleures conditions pour produire l'évaporation des gouttelettes qui forment les cumulus. Si nous ajoutons que les courants supérieurs pendant les orages peuvent avoir une vitesse parfois supérieure à 100 mètres par seconde on comprendra comment l'évaporation peut être très rapide au sommet des cumulus.

« Les lois physiques enseignent que l'évaporation se fait au dépens de la chaleur du liquide et de l'air ambiant ; les gouttelettes et l'air se refroidissent donc beaucoup.

« La formule du psychromètre nous apprend que la température des gouttelettes d'eau présente les abaissements de température suivants pour les températures initiales et les états hygrométriques correspondants :

---

1. L. Bombicci, *Polemica per le grandinate*, 1899.

TEMPÉRATURE DE L'AIR	ÉTAT HYGROMÉTRIQUE	LA TEMPÉRATURE DES GOUTTELETTES S'ABAISSE	
30°	0,20	de 30° à	12°
12°	0,25	de 12° à	2°
2°	0,30	de + 2° à —	3°
— 3°	0,35	de — 3° à —	6°

L'air arrive donc avec la simple évaporation en plein été à des températures très basses plus que suffisantes pour congeler les gouttelettes d'eau. L'augmentation progressive du *froid* au sein d'une atmosphère *très chaude* est un phénomène analogue au refroidissement qui produit la rosée et qui fut aussi longuement contesté. Mais voyons maintenant si une telle cause suffit à expliquer la formation d'autant de glace.

« Un gramme d'eau à 0° pour s'évaporer totalement demande 606 petites calories dont la perte suffirait pour réduire à zéro 6 grammes d'eau bouillante. Mais chaque gramme d'eau à 0° emprunte pour se congeler 80 calories, c'est-à-dire autant qu'il en faut pour porter un gramme d'eau de 0° à 80°. Donc pour congeler 1 gramme d'eau il faut nécessairement lui enlever 80 calories, et comme 80 est contenu 7 fois 1/2 dans 606, il s'ensuit que le froid produit par l'évaporation d'un seul gramme d'eau peut en faire congeler 7^{gr},1/2. Le poids de la grêle produite peut être 7 fois 1/2 celui de l'eau évaporée et il me semble que c'est suffisant.

« Mais l'évaporation et le froid cesseraient bien vite si le vent n'emportait pas la vapeur et ne ramenait pas de nouvelles quantités d'air sec. Qu'il y ait toujours du vent dans les couches supérieures de l'atmosphère pendant la formation de la grêle malgré le calme qui règne dans les parties inférieures ; la preuve en est donnée par direction très oblique suivie par la grêle dans sa chute. A Cagliari le Pr Gugliemo m'écrivait :

Le 19 mai 1898 la grêle tombait dans une direction presque horizontale, aussi a-t-elle brisé toutes les vitres des fenêtres et des ouvertures latérales en abîmant les appareils du cabinet de physique.

« Revenons à notre orage. D'immenses cumulus pyramidés s'élèvent et, arrivés par leur sommet au courant supérieur, s'allongent en forme de langue horizontale (fig. 17). Les gouttelettes se refroidissent au-dessous de zéro sans se congeler sauf les plus extérieures qui cristallisent en fines aiguilles. Voici le

Fig. 17. — Cumulus en forme d'enclume.

moment critique. Les aiguilles de glace sèche en frottant les gouttelettes d'eau situées au-dessous forment une puissante machine électrique dans laquelle les aiguilles deviennent *négatives* et les gouttelettes *positives* comme l'a démontré Faraday. Alors les aiguilles de glace sont attirées par les gouttelettes. Celles-ci se solidifient en partie autour des aiguilles parce qu'elles étaient à l'état de surfusion ; le reste de l'eau non congelé est dispersé à l'intérieur du nuage en le rendant de plus en plus obscur. »

Ces petits grains de grêle frottés et mouillés par les

autres gouttelettes s'électrisent aussi bien que celles-ci
positivement et l'air *négativement* comme l'a montré
Lénard. Alors les granules de glace positifs sont attirés
par la nappe supérieure négative des aiguilles de glace
et se revêtent d'une couche de neige sèche. Puis en descendant et en frottant de nouveau les gouttelettes, ils
deviennent négatifs. Ils seront donc de nouveau attirés
par les strates aqueuses positives et se couvriront
d'une enveloppe de glace transparente. C'est ainsi que
s'accomplira la danse de Volta, mais les grêlons sui-
vront dans leur marche une ligne sinueuse comprise
entre deux plans horizontaux, jusqu'à ce qu'il se pro-
duise une forte décharge électrique. Les grêlons seront
ainsi constitués par des stratifications concentriques
de névé et de glace transparente comme cela se vérifie
toujours. Dans certains cas on a même compté jusqu'à
20 et 25 strates neigeuses et transparentes alternatives.

« La continuation du vent et du frottement augmente la différence du potentiel électrique ; puis sur-
vient une décharge électrique en forme de puissant
éclair. Alors cesse toute action électrique et la grêle
tombe aussitôt comme tout le monde le sait.

« Le courant supérieur appelle en haut les cumulus
inférieurs, mais l'air sec à l'origine devient de plus en
plus humide à mesure que le nuage prend de plus
vastes proportions. Le pouvoir réfrigérant du courant
supérieur va par suite en diminuant, et à la grêle
succède la pluie ».

M. Marangoni donne à l'appui de la théorie précé-
dente plusieurs faits d'observation tels que les éclairs
serpentants constatés à la surface des cumulus par
Spellanzani, dans les Apennins de la Ligurie, et par
Lecoc, au Puy-de-Dôme, la chute de grêle de dimension énorme, observée par le Dott. Casari le 26 août 1834

à Padoue et survenue immédiatement après deux puissantes décharges électriques. M. Casari pesa lui-même
des grêlons de 2 kilogrammes et d'autres personnes en
récoltèrent du poids de 6 et de 8 kilogrammes.

Dans la théorie électrique de M. Marangoni, les tirs
agiraient pour uniformiser le potentiel électrique des
deux masses atmosphériques superposées entre lesquelles s'élaborent les grêlons. La vibration, en déterminant la solidification prématurée des gouttelettes,
empêcherait aussi le grossissement ultérieur des grains
de grésil ; la fumée transportée par le projectile aérien
concourrait au même résultat.

La théorie électrique de la formation de la grêle que
nous venons de rapporter, d'après M. Marangoni, est
une des plus séduisantes car elle met en jeu les principales actions physiques formellement constatées pendant l'évolution des orages à grêle. Si l'on met de
côté l'oscillation assez problématique en forme de trajet
sinueux attribuée au jeu des attractions électriques et
qu'on lui substitue une chute en direction oblique dans
un milieu où l'accroissement du grêlon est favorisé à
la fois par le groupement électrique, les forces cristal-
lines, le mécanisme de la surfusion, on obtient une
hypothèse très satisfaisante pour l'esprit le plus scientifique qui sait que dans les phénomènes météorologiques, il ne faut pas chercher en général une unité
d'action mais faire intervenir au contraire plusieurs
actions simultanées pour les interpréter exactement.

La meilleure théorie de la grêle est à notre avis une
théorie éclectique qui, tout en laissant sa part à l'électricité, fait intervenir en même temps les phénomènes
de transformation rapide de la vapeur d'eau en liquide
ou en glace (sursaturation), ou des gouttelettes d'eau
en cristaux de glace (surfusion). Ces transformations
rapides permettent d'expliquer l'accroissement du grain

de grésil initial dont la durée de suspension au sein de l'atmosphère qui le nourrit est notablement augmentée par la direction oblique des courants de l'atmosphère. Nous croyons inutile d'exposer ici cette théorie synthétique ; le lecteur la déduira lui-même de l'analyse des diverses théories précédemment exposées. Il n'est pas sûr d'ailleurs que chaque orage à grêle n'ait pas sa théorie spéciale, et il est probable que le mécanisme qui préside à la formation des grêlons dans les vastes tempêtes de l'atmosphère n'est pas exactement celui qui leur donne naissance dans les orages locaux dont le rayon ne dépasse pas quelques kilomètres. Il appartient à l'observation guidée par les théories précédentes de nous révéler plus exactement la marche du phénomène dans chaque cas particulier. La pratique généralisée des tirs contre la grêle ne tardera certainement pas à apporter à la science une abondante moisson de faits intéressants.

CHAPITRE III

MATÉRIEL DE TIR

LES CANONS

Le matériel de tir employé en Italie pour la défense contre la grêle dérive assez directement du canon primitif proposé par M. Stiger. Cependant de notables perfectionnements mécaniques lui ont été apportés pour faciliter la manœuvre de l'appareil et augmenter la rapidité du tir. Sous le rapport de la sécurité des artilleurs le nouveau matériel n'a pas apporté les mêmes avantages et plusieurs associations de tir ont encore conservé exclusivement le canon Stiger à peine modifié.

Le canon Stiger consistait à l'origine en un simple mortier en forme de tronc de cône d'un diamètre de 18 centimètres en bas et de 13 centimètres vers le haut, long de 40 centimètres environ. Ce tronc de cône allongé, mais très résistant est foré presque jusqu'au bas d'un canal cylindrique de 30 millimètres environ. Le mortier est chargé de 150 à 200 grammes de poudre de mine, son ouverture supérieure est fermée par un bouchon en bois tendre et la poudre est allumée à l'aide d'une mèche pénétrant par un orifice latéral pratiqué

à la partie inférieure du mortier. C'est avec ce simple
appareil reposant sur un tronc de chêne que furent
faites les premières expériences en Styrie.

Bientôt sur le conseil de M. le colonel Mundy, M. Stiger
ajoutait à son mortier une cheminée conique ou grand
entonnoir en fer dans le but de
canaliser la vibration qui était pour
lui la cause essentielle de la transformation du nuage à grêle. La
fig. 18 représente le canon Stiger
avec pavillon conique. La fig. 19
reproduit les diverses formes de
mortier adaptées au canon Stiger.

Le simple mortier sans pavillon
donnait déjà naissance à la suite
de l'explosion à un sifflement particulier accompagné parfois de la
projection d'un petit anneau de
fumée de diamètre assez réduit.
Avec l'adjonction du pa-
villon conique le siffle-
ment gagne beaucoup en
intensité et sa durée at-
teignit jusqu'à 15 et 20
secondes. Les construc-
teurs du nouveau matériel
s'efforcèrent d'augmenter
par les nouvelles dispositions adoptées la durée et
l'intensité de ce siffle-
ment qui fut considéré

Fig. 18. — Canon Stiger avec un
pavillon conique.

comme un indice de l'efficacité et de la puissance des
tirs.

Pour accroître et assurer le sifflement qui accompagne l'explosion, on eut l'idée de rétrécir l'ouverture

du pavillon conique en fixant intérieurement un anneau de fer dont la largeur fut d'abord de 5 centimètres. A la faveur de cette addition le sifflement de
l'explosion se produisit presque à tout coup et l'on ne
tarda pas à observer l'anneau projectile dont le diamètre à l'origine beaucoup plus grand qu'avant l'adjonction du pavillon avait à peu près le diamètre de
l'ouverture de celui-ci. Plus tard les constructeurs
italiens reconnurent que grâce à la disposition spéciale des nouveaux mortiers on pouvait réduire beaucoup l'anneau interne bordant l'ouverture du pavillon ;

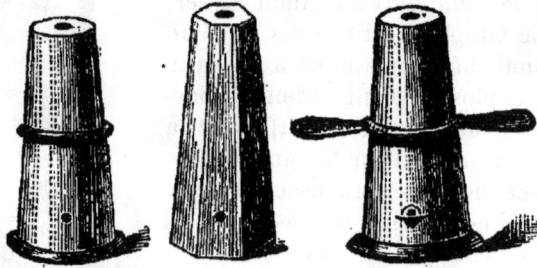

Fig. 19. — Mortiers de diverses formes adaptés au canon Stiger.

on le réduisit progressivement à 3 centimètres, puis à
2 centimètres et plusieurs constructeurs l'ont actuellement supprimé tout à fait sans que le sifflement de
l'explosion ait perdu en durée et en intensité.

Pour faciliter la manœuvre du mortier, on fut amené
à en réduire le poids et tout en lui conservant son
diamètre primitif et sa solidité on diminua notablement sa longueur. Mais pour conserver le bénéfice de
la longue cheminée formée par le long canal du mortier primitif, on eut l'idée de prolonger le mortier plus
court par une cheminée en fonte ou en fer qui péné-

trerait de 20 ou 30 centimètres à l'intérieur du pavillon conique.

L'appareil, quelles que soient les modifications très variées, apportées par les constructeurs, comprend toujours :

1° Un trépied en fer ou en bois mais le plus souvent en fer.

2° Le mortier ou chambre d'explosion.

3° Une petite cheminée canalisant les gaz de l'explosion et faisant suite au mortier.

4° Le pavillon conique en forme de cheminée de locomotive.

A l'emploi de la mèche pour provoquer l'allumage du mortier on ne tarda pas d'ailleurs à substituer une amorce au fulminate écrasée par un marteau sur une cheminée latérale implantée à la base du mortier.

L'emploi du mortier et surtout du mortier à mèche ne pouvait guère permettre un tir rapide.

Pour y arriver M. Stiger employait plusieurs mortiers de rechange dans la même station ou bien encore installait côte à côte deux canons dans deux compartiments adjacents de la même cabane. Il vint donc tout naturellement à l'esprit des inventeurs de nouveaux modèles de préparer à l'avance les charges de poudre dans des cartouches que l'on introduirait successivement dans la culasse du canon modifiée pour les recevoir.

La première transformation du matériel de tir styrien consiste à forer de part en part le mortier et à introduire une cartouche à sa partie inférieure. Le mortier étant alors guidé et assujetti sur son support, un percuteur disposé à sa partie inférieure permettra de faire exploser la capsule disposée au centre et à la partie inférieure de la cartouche. Tels sont les canons dénommés à Mortaio-Bossolo à avancarica : canons à

mortier et à cartouche avec avant-charge. Ce modèle
est actuellement très répandu en Italie ; nous examinerons plus loin ses avantages et ses inconvénients.

Pour obtenir un tir encore plus rapide le mortier à
cartouche fut rendu solidaire du bâti de l'appareil et
grâce à la manœuvre d'un levier la culasse vint d'elle-
même se présenter à l'artilleur pour recevoir la cartouche tandis qu'une manœuvre du même levier en
sens inverse ramenait en place la culasse. De plus le
levier de fermeture ramené à fin de course venait bu-
ter contre un percuteur et déterminait en même temps
que la fermeture de la culasse l'explosion de la charge.
En ouvrant à nouveau la culasse, le levier met en jeu
un extracteur et la cartouche vide sort de son logement.
Cette disposition est généralement désignée sous le
nom de canon à retrocarica : canon se chargeant par
un mouvement de retour en arrière. Le mécanisme de
ces canons n'est pas sans quelque analogie avec celui
d'un revolver. Ces canons se font remarquer par la
grande rapidité de leur tir (jusqu'à 10 coups par minute) mais leur mécanisme, toujours un peu compliqué, nuit un peu à leur rusticité et quelquefois à leur
solidité. Le parfait canon à retrocarica ne semble pas
encore trouvé et comme plusieurs tentatives peu avan-
tageuses ont été faites dans cette voie les retrocarica ne
sont pas en général en grande faveur auprès des viticulteurs italiens.

Nous n'avons pas la prétention de vouloir donner
ici la description de tous les systèmes de canons employés en Italie ; ils sont actuellement fort nombreux ; nous nous bornerons à décrire quelques-uns
d'entre eux qui par la constitution de leurs organes essentiels rappellent les principales dispositions
adoptées dans l'établissement de chacune des 3 catégories de canons que nous venons de signaler :

1° Canons à mortier.

2° Canons à mortier et à cartouche.

3° Canons à retrocarica.

Parmi les canons à mortier, nous signalerons, à côté de celui de M. Stiger construit par MM. Unger à Cilli, Greinitz à Gratz (Styrie), déjà décrit, le canon Bazzi de Casale Montferrato. Ce canon est formé d'un trépied en fer haut de 60 centimètres sur lequel est assemblée une plate-forme résistante. A $0^m,20$ environ au-dessus de cette plate-forme qui reçoit le mortier est supporté un collier en fer maintenu solidement par trois entretoises. Ce collier supporte un pavillon conique de deux mètres de hauteur, large de $0^m,20$ à sa partie inférieure et de $0^m,65$ à sa partie supérieure rétrécie par un rebord interne de 3 centimètres.

Le mortier a la forme d'un obus de 6 centimètres de diamètre à la base qui est en outre renforcée par un épaulement. L'orifice intérieur destiné au logement de la poudre est cylindrique sur

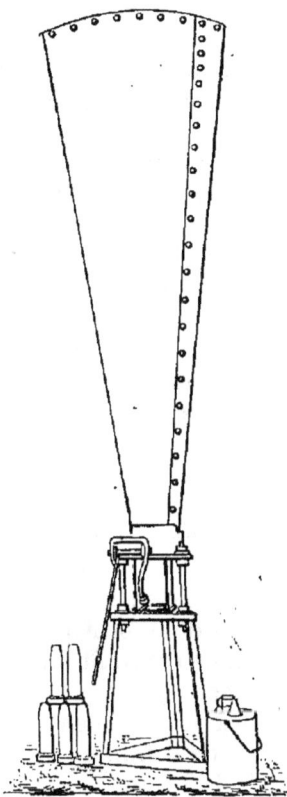

Fig. 20. — Canon Bazzi.

les deux tiers inférieurs de son parcours, puis assez fortement conique au sommet, de telle sorte que les gaz de l'explosion sont fortement comprimés à leur sortie du mortier[1]. Le mortier en forme d'obus est construit en acier forgé ; il porte à sa partie inférieure une cheminée destinée à recevoir une amorce au fulminate ; un levier à marteau fixé au collier du pavillon permet l'écrasement de la capsule.

Le mortier est très maniable, son prix pour une charge de 80 grammes est de 7 francs. On peut, par suite, avoir un certain nombre de mortiers de rechange et obtenir un tir assez rapide. Le rétrécissement de l'ouverture du mortier donne un sifflement très prolongé atteignant jusqu'à 20 secondes. Ce canon est livré avec 5 mortiers au prix de 130 francs pour la charge de 80 grammes et de 225 pour la charge de 180 grammes de poudre. La hauteur du pavillon (tromba) est dans le premier cas de 2 mètres, dans le second, de 4 mètres.

Dans la même catégorie est le canon à mortier de M. Laverda, mécanicien constructeur à Breganze. La disposition de ce canon est assez semblable à celle du canon de M. Bazzi. La trombe ou pavillon est formée par l'assemblage de deux lames de tôle de fer ; sa hauteur est de 1^m,68 ; sa largeur est de 0^m,15 vers le bas et de 0^m,75 vers le haut. Le mortier, de fer pur et homogène, est long de 21 centimètres ; il mesure à sa base, 5^c,8 de diamètre extérieur et au sommet 5^c,7, son poids est de 4^{kg},200, il est foré presque jusqu'au fond d'un orifice cylindrique et est armé d'une cheminée recevant une capsule dont l'explosion est également provoquée par la manœuvre d'un marteau disposé latéralement. Le prix d'un mortier de rechange est de 6 francs ; le prix du canon avec 3 mortiers est de 100 francs.

1. Bazzi a adopté plus récemment pour son canon des mortiers à canal cylindrique avec pavillon conique plus étroit.

Le canon à mortier Barnabo adopté par l'Association de tir de Conegliano est formé également d'un trépied sur lequel on dépose le mortier à canal intérieur cylindro-conique comme celui de M. Bazzi, de Casale. Le mortier du modèle courant au pavillon de 3 mètres de hauteur est construit pour une charge de 110 grammes de poudre. La longueur du canal du mortier est de 30 centimètres avec un diamètre à la base de 29 millimètres et au sommet de 19 millimètres. Le diamètre extérieur du mortier est de 63 millimètres ; son poids est de 3 kilogrammes ; il est construit en fer homogène de Styrie et travaillé au marteau. L'allumage a lieu par l'écrasement d'une amorce sur une cheminée latérale comme dans les mortiers précédents.

Le canon Barnabo est également construit avec un pavillon de 4 mètres et mortier de 35 centimètres de long construit pour une charge de 160 grammes de poudre.

Le modèle courant est livré au prix de 130 francs avec 5 mortiers.

Dans le second groupe des *canons à mortier avec cartouche* nous distinguerons *deux types* : le premier dans lequel le mortier conserve une certaine longueur et reçoit à sa partie inférieure la cartouche de $0^m,10$ environ, qui n'occupe ainsi qu'une partie de la cheminée du mortier. Dans ce cas les gaz de l'explosion débouchent directement dans le pavillon, et le canon ressemble beaucoup au type précédemment décrit dont il ne diffère que par l'addition de la cartouche.

Le second type correspond à l'emploi d'un mortier court, $0^m,10$ seulement quelquefois, mais ce mortier est alors prolongé par une cheminée de même diamètre ou de diamètre un peu plus grand que celui de la chambre intérieure du mortier. Pour assurer dans

ce cas un joint hermétique entre le mortier et la cheminée qui lui fait suite, le mortier est soulevé par un
mécanisme spécial, levier glissant sur plan incliné
ou levier commandant une hélice.

Le canon Laverda de Bréganze, à mortier à cartouche, appartient au premier type. Le mortier, de pur
fer homogène foré d'un bout à l'autre d'un canal cylindrique de 3c,2, est long de 29 centimètres avec 9c,5
de diamètre à la base, et 4c,1 au sommet. Son poids
est de 9ks,300. Le mortier armé d'une longue manette
est posé sur un étrier, à côté de l'obturateur pour recevoir la cartouche. On pousse alors le mortier dans la
chambre qui lui est ménagée sous le pavillon, puis en
tournant la manette le mortier tourne sur lui-même en
s'engageant dans un guide et ce même mouvement
détermine l'explosion. Le prix de ce canon est de 150
francs. Chaque cartouche de rechange vaut 2fr,50.

Le canon Revelli est à mortier fixe se fermant à sa
partie inférieure par une plaque de fer formant cou-
lisse et obturateur après l'introduction de la cartouche.
L'obturateur est percé d'un orifice, laissant passer le
percuteur actionné par un levier à cordon. Le canon
Revelli se fait remarquer par la forme spéciale de son
pavillon étroit sur la plus grande partie de sa longueur
puis fortement évasé à l'embouchure. Ce pavillon ne
produit pas de sifflement ; la détonation est sonore et
produit un fort grondement. M. le capitaine Revelli ne
croit pas à l'efficacité du tore qui s'élève très lentement
et avec un grand diamètre dans le tir de son appareil.
M. Revelli s'est proposé de renforcer les ondes sonores
transmises dans la direction du nuage orageux.

Le canon de M. Vaffier Pollet de Leynes (Saône-et-
Loire) présente dans son mécanisme de charge une
certaine analogie avec celui du canon Revelli. La plaque de fermeture de la culasse glisse dans un tiroir et

enferme la cartouche à percussion centrale. De même
que dans le Revelli le percuteur ne peut agir que lorsque la culasse est fermée. Le pavillon est conique,-de
2 mètres de hauteur environ ;
le canon repose sur un fort
trépied en bois assez élevé pour
faciliter l'introduction de la cartouche au fond de la culasse.

Le canon Rollet est encore
du même type que les précédents par son mécanisme de
charge. La plaque de fermeture
de la culasse au lieu de glisser
dans un tiroir tourne autour
d'un axe en s'excentrant à l'aide
d'un levier en dehors de l'axe de
la pièce. Le pavillon est conique
en tôle d'acier de 2 millimètres
d'épaisseur avec 2 mètres de
hauteur pour le canon à charge
de 100 grammes et 3 mètres de
hauteur pour celui à charge de
200 grammes. Le pavillon est
muni à son ouverture d'un rebord interne de 3 centimètres.
Pour le canon de 2 mètres le
diamètre au bas du pavillon est
de 14 centimètres et atteint
65 centimètres à son ouverture
supérieure. Les cartouches sont

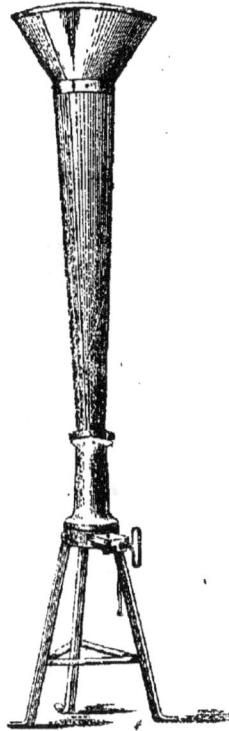

Fig. 21. — Canon Revelli.

en acier embouti d'une seule pièce ; leur diamètre intérieur est de 34 millimètres, leur diamètre extérieur de 40
millimètres, et leur hauteur de 14 centimètres. La chambre d'explosion est éprouvée au double de sa charge
normale.

Le canon à mortier avec cartouche de M. Zancanaro construit par la fabrique Olian et Fannio de Padoue, se fait remarquer par sa solide construction. Le mortier de pur fer homogène est long de 31c,5, son diamètre est de 7c,6 à la base et de 7c,0 au sommet. Le canal intérieur est assez fortement conique 4c, 6, à la base et 2c,8 au sommet. Ce mortier, dont le poids est de 9kg,200, se manie avec une poignée fixée au mortier. Après avoir introduit la cartouche à l'intérieur du mortier, celui-ci est poussé sous la chambre du canon et la manœuvre d'un levier disposé entre les pieds du chevalet, qui sert de support au canon, fait tourner une hélice qui soulève le mortier et

Fig. 22. — Canon Zancanaro
(Olian Fannio).

le fait joindre hermétiquement à sa partie supérieure avec la cheminée d'échappement des gaz. Cette cheminée haute de 21 centimètres est forée d'un canal cylindrique de 3c,5. Une rondelle de cuir, placée sous le mortier, empêche toute fuite de gaz à sa partie inférieure. Le prix de ce canon est de 120 francs [1].

1. L'usine Ollian Fannio construit également des canons à pavillon de 4 millimètres avec charge de 200 grammes, un nouveau système d'amorçage a été récemment appliqué à ce canon pour faciliter le remplacement sans danger des amorces ratées.

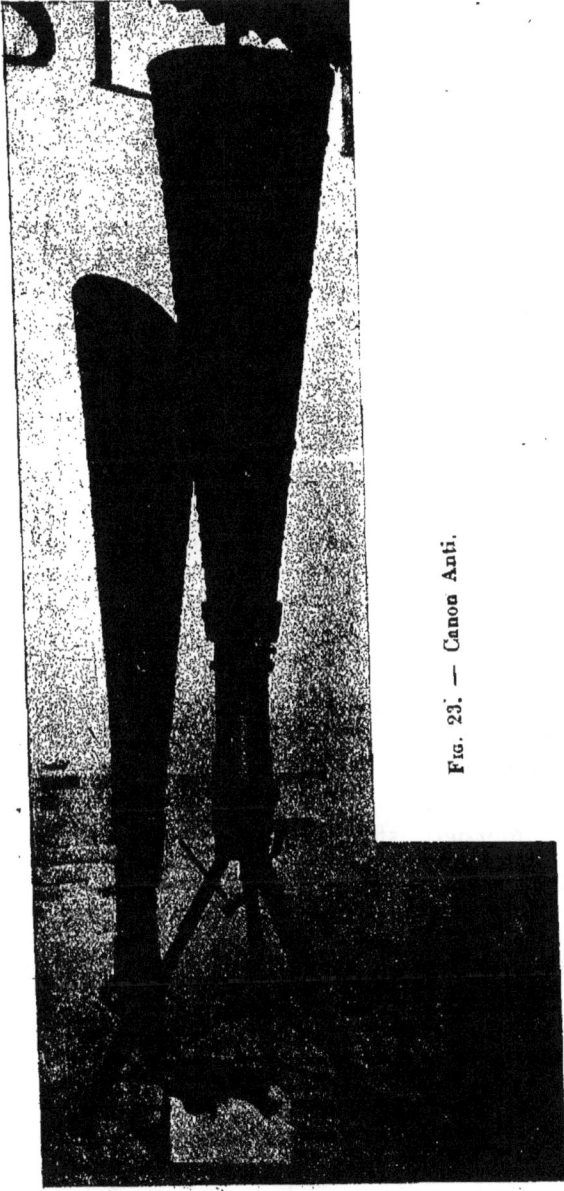

FIG. 23. — Canon Anti.

Le canon à mortier et à cartouche de M. Anti, de Vicence, ressemble beaucoup à celui de M. Zancanaro auquel il est antérieur. Le mortier est à canal cylindrique de 4 centimètres de diamètre ; il reçoit, à sa partie inférieure, la cartouche qui y est enfermée, à l'aide d'une petite valve ou volet à charnière. Le mortier est introduit au fond d'une chambre en fonte épaisse, supportée par le bâti. Sous le mortier est manœuvré, à l'aide d'un levier, un disque à quatre sections de plan incliné, permettant le soulèvement du mortier par la manœuvre du levier. L'orifice supérieur du mortier vient alors se placer dans le prolongement du canal de la cheminée d'échappement des gaz. La pression du levier détermine, au point de raccordement, un joint assez complet. Un second levier terminé par un marteau permet d'actionner le percuteur et de provoquer l'explosion.

Le pavillon dans lequel pénètre assez profondément la cheminée d'échappement des gaz, longue de $0^m,42$, est haut de $1^m,95$, large à la base de $0^m,22$, au sommet de $0^m,62$. Le pavillon est bordé à sa partie supérieure d'un rebord annulaire de 14 millimètres.

Le mortier est garanti pour une charge de 200 grammes de poudre du gouvernement italien.

Le mortier est fermé à sa partie inférieure par une culasse mobile ou disque de 1 centimètre d'épaisseur environ qui reçoit la capsule fixée à son centre. Cette culasse peut être remplacée pendant le bourrage de la poudre par une culasse en bois. Quand le bourrage est terminé, on substitue à la culasse en bois une culasse en fer amorcée. On évite ainsi les dangers que présente la compression de la poudre dans une cartouche amorcée. Cette même disposition donne également plus de sécurité pour le remplacement des amorces ratées. On enlève la culasse et après avoir remplacé l'amorce on la remet en place sans décharger le mortier.

Parmi les *canons à retrocarica*, nous citerons d'abord quelques modèles qui ne diffèrent des avancarica, précédemment décrits, que parce que la manœuvre du mortier pour le chargement est opérée à l'aide d'un levier au lieu d'être faite à la main.

Dans le canon Zannelli Rocco de Palazzolo sull' Oglio, le mortier est très long, 0^m,40 environ ; il est suspendu par deux tourillons entre les deux montants supportant le pavillon conique au-dessus du trépied. Un levier de manœuvre permet de faire incliner le mortier ainsi suspendu. On introduit alors la cartouche à la partie inférieure et en ramenant le mortier dans la position verticale, la bouche du mortier s'engage au centre du pavillon. Un levier spécial actionne le percuteur et détermine l'explosion de la charge qui peut varier de 50 à 200 grammes de poudre du gouvernement.

Dans le canon Sorlini de Brescia, la remise en place du mortier oscillant autour de ses deux tourillons détermine le heurt du percuteur et produit l'explosion de la cartouche.

Dans le canon Vermorel, adopté par l'Association de Denicé, le pavillon repose directement sur le trépid qui sert de support au canon. Au-dessous du trépied et à la base du pavillon, un étrier puissant soutient la culasse en acier forgé. Celle-ci peut basculer autour d'une cheville ou clavette. Pour le chargement, on renverse la culasse pour introduire la cartouche dans le trou cylindrique ménagé à cet effet ; on la relève ensuite dans sa position normale, puis on la fixe par une clavette supérieure. L'explosion de la charge est déterminée par l'action d'un percuteur disposé à la partie inférieure de l'étrier qui soutient la culasse.

HOUDAILLE. — Les orages à grêle.   7

La douille de la cartouche a 12 centimètres de hauteur et 4 millimètres d'épaisseur ; elle reçoit 80 grammes de poudre et présente la même disposition que les cartouches de fusil de chasse à percussion centrale.

Le canon Tua, construit par M. Vandone à Milan, se distingue des précédents par la forme parabolique de sa trombe ou pavillon. Son mécanisme à retrocarica présente une assez grande simplicité. Le mortier, très épais, se soulève à l'aide d'un levier pour recevoir la cartouche. Une fois remis en place par la manœuvre du premier levier, le mortier est frappé à sa partie inférieure et à son centre par un percuteur actionné par un second levier. Le canon Tua permet d'obtenir un tir très rapide, par l'adjonction d'un mécanisme à répétition. Grâce à la forme parabolique du pavillon, la vitesse de projection de l'anneau gazeux paraît devoir être plus grande qu'avec les autres systèmes, mais la durée du sifflement est un peu plus courte. Le mortier très épais est en fer homogène, travaillé au rouge blanc, au marteau, puis foré et tourné. Construit pour une charge de 80 à 100 grammes, il est éprouvé à 350 grammes. Son inventeur, M. le colonel Tua, a plus spécialement cherché à obtenir les garanties de sécurité qui ont fait souvent défaut aux canons à retrocarica.

Fig. 24. — Canon Vermorel.

Le canon Garolla, type Vittoria, à culasse en bronze, servant de mortier très court, $0^m,11$, appartient aussi au groupe des retrocarica. La culasse adhérente à la porte de la chambre disposée au-dessous du pavillon tourne autour d'une charnière qui permet de l'amener au centre de la chambre après l'introduction de la cartouche à sa partie inférieure. La culasse poussée à fond vient heurter le percuteur et détermine l'explosion de la charge.

Le canon Redondi à retrocarica est constitué par un mortier en deux pièces, la supérieure longue de $0^m,20$ est fixe, l'inférieure dont la forme est celle d'un dé cubique est mobile et peut se déplacer latéralement pour recevoir la cartouche. Le dé ou culasse, en revenant en place, met en action le percuteur.

Le canon Alberti, construit par la fabrique d'armes de Brescia comme le précédent, en diffère en ce que la culasse, au lieu de se déplacer latéralement, tourne sur elle-même à la façon du boisseau d'un robinet. Lorsque la lumière du boisseau est tournée à l'aide du levier de manœuvre à 90 degrés de la direction de la che-

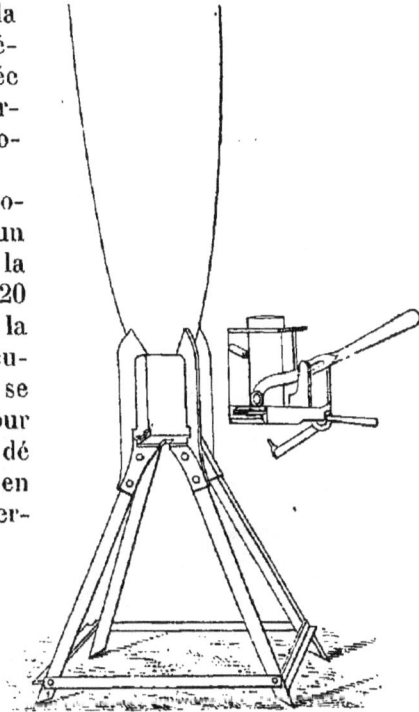

Fig. 25. — Canon Tua.

minée d'échappement des gaz, on introduit la cartouche. En tournant le boisseau en sens inverse, on
ramène la cartouche dans le prolongement de la cheminée en même temps que cette manœuvre actionne
le percuteur. Ce canon est muni d'un extracteur qui
facilite beaucoup l'enlèvement de la cartouche.

CANON SANS POUDRE

MM. Maggiora et Blanchi ont récemment construit
un canon dans le-
quel la puissance
explosive au lieu
d'être   demandée
aux gaz formés par
la détonation d'une
charge de poudre
est obtenu par l'in-
flammation   d'un
mélange explosif,
air et *acétylène*. Le
mortier où se pro-
duit l'explosion est
un cylindre en tôle
forte d'acier dans
lequel pénètre le
tube d'amenée du
mélange détonant
dont la combustion
est provoquée par
un allumeur élec-
trique disposé à l'in-
térieur du cylindre.

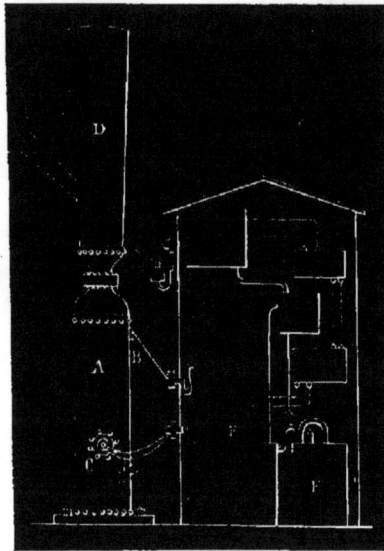

Fig. 28. — Canon Maggiora et Blanchi,
à acétylène.

Un petit générateur à carbure de calcium pour acétylène

F et un gazomètre E complètent l'appareil. Le cylindre A où détone le mélange explosif est surmonté par un pavillon de forme hyperboloïde D destiné à diriger l'onde explosive vers le nuage orageux. Ce canon produit un grondement très puissant dû à l'énorme volume gazeux chassé par l'explosion. Cet appareil se prête à une commande électrique à distance; il réaliserait ainsi certaines conditions de sécurité. Plusieurs canons pourraient en outre être reliés au même poste central qui en règlerait la manœuvre et pourrait ainsi réaliser les tirs simultanés.

LES BOMBES EXPLOSIVES ET LES FUSÉES PORTE-PÉTARDS

La première idée des *bombes explosives* dirigées contre les nuages à grêle paraît due à M. Bombicci qui en proposait l'emploi dès 1880, afin de transporter plus directement dans le nuage orageux les ondes vibratoires et les premières amorces de condensation. M. Obert rapportait au Congrès de Casale les premiers essais réalisés aux environs de Turin, avec la collaboration de M. Balbi, dans lesquels il avait bombardé à l'aide de bombes explosives un nuage orageux, pendant la journée du 16 juillet 1899. Une légère pluie se manifestait dans la zone soumise au bombardement. A la même date, Mgr Scotton signalait des essais analogues poursuivis à Vicence, qui n'auraient pas donné de résultats.

Plus récemment, en France, M. le Dr Vidal proposait l'emploi de *fusées porte-pétards* et de tubes porte-bombes. La fusée porte-pétard présente une disposition analogue à celle des fusées volantes des feux d'artifice. La mèche disposée pour provoquer l'explosion est protégée de la pluie par une enveloppe hydrofuge. La fusée guidée le long d'un fort piquet par deux pitons à boucle recevant sa tige de direction s'élève par le recul de la charge allumée au départ. Le pétard qu'elle transporte ne s'allume qu'à fin de course et l'explosion se produit à 150 ou 200 mètres environ au-dessus du sol.

Le tube porte-bombe est un tube en fer épais, haut de $0^m,60$, avec diamètre intérieur de $0^m,10$. Il est déposé dans une fosse creusée dans le sol à la profon-deur de $0^m,40$, et est protégé de la pluie par un cou-vercle. La bombe lancée par ce tube formant mortier peut parvenir jusqu'à 200 ou 250 mètres.

Jusqu'à ce jour, on peut reprocher à ce mode de protection : 1° de ne pas avoir fait ses preuves ; 2° d'être d'un prix de revient assez élevé ; 3° d'être plus dangereux comme manipulation que la plupart des canons grandinifuges. Il y aurait lieu de rechercher une enveloppe assez résistante pour prévenir sûrement l'éclatement de la bombe au départ et assez légère cependant pour que les éclats en retombant sur le sol ne puissent entraîner aucun accident.

La méthode de défense par les canons à embouchure conique avec vibrations sonores canalisées vers les nuages orageux et projectile gazeux animé d'une grande vitesse, ont seuls jusqu'à ce jour concouru sur une large échelle à la défense du vignoble contre la grêle. Il serait imprudent, avant d'avoir apporté la démonstration complète de leur efficacité, de faire appel à de nouveaux dispositifs d'explosion dont les effets peuvent n'être pas exactement semblables.

L'anneau gazeux, tore, est très bien disposé par sa constitution mécanique pour créer un courant d'air ascendant plus énergique que ne saurait le former le passage du corps de la fusée ou de la bombe explosive. De plus l'onde explosive est en quelque sorte canalisée par le pavillon conique des canons tandis qu'elle est transmise à peu près également dans toutes les directions dans le cas de l'explosion d'une bombe parvenue à quelques centaines de mètres de hauteur.

Il paraît, en outre, actuellement difficile de préciser la hauteur à laquelle devrait être porté le projectile explosif pour produire un effet réellement utile. Il faudrait dans chaque cas apprécier la hauteur du nuage orageux ; il faudrait également réaliser un dispositif d'allumage simple et économique permettant d'obtenir l'explosion à une hauteur variable à volonté au gré de l'opérateur.

Si des expériences dans cette voie doivent être instituées, elles devraient être réalisées en dehors du périmètre défendu par les canons. Ce n'est qu'à cette condition que l'on pourra retirer quelques renseignements utiles de cette nouvelle voie ouverte à l'expérimentation.

EFFETS MÉCANIQUES DES TIRS

Mouvement de l'air provoqué par le tir des canons.

Quel que soit le mécanisme des divers modèles de canons, l'explosion de la charge de poudre produit les phénomènes suivants :

Au moment précis de l'explosion, assez bruyante, produite par la charge, variant de 60 à 100 grammes de poudre, on aperçoit au-dessus de la bouche du canon un jet de fumée, en même temps que l'oreille perçoit un sifflement assez prolongé, que l'on a assez justement comparé au bruit que produit la glace qui se rompt sous les pieds d'un patineur. Ce sifflement atteint une durée variant de 10 à 20 se-

condes, avec une diminution progressive de son intensité, qui donne assez bien l'impression d'un corps qui
s'éloignerait en sifflant avec une certaine vitesse.

Lorsque l'observateur est placé dans des conditions
d'éclairement favorable, il aperçoit assez distinctement
un anneau de fumée qui s'élève rapidement, chassé
par l'explosion de la poudre, et se propage au début
avec une grande vitesse. Lorsque le tir est opéré dans

Fig. 27. — Tore chassé par un tir horizontal.
(Photographie communiquée par M. Suschnig).

une direction horizontale ou inclinée sur l'horizon,
l'anneau passe au-dessus de la tête de l'observateur,
qui perçoit dans sa direction le sifflement caractéristique. Lorsqu'on tire sur une cible, dans une direction verticale, on peut voir, dans certains cas, comme
à Breganze, l'anneau venir heurter la cible à 40 mètres
de hauteur en même temps que celle-ci est violemment

soulevée, comme si elle était rencontrée par un projectile solide.

Ce résultat ne peut guère être interprété qu'en admettant que l'anneau de fumée représente lui-même où est associé à un projectile gazeux de forme annulaire, capable de se transporter à grande distance malgré la résistance de l'air qu'il traverse avec une vitesse de 50 à 100 mètres par seconde.

L'existence de ce projectile gazeux a, pendant quelque temps, été révoquée en doute parce que cet effet n'avait jamais été observé dans le tir à blanc des canons de guerre. La projection d'air, qui est déterminée dans ce cas, ne dépasse pas quelques mètres et est incapable de provoquer un effet mécanique sensible à une dizaine de mètres de distance.

Dans le cas des canons à grêle, l'effet mécanique se transmet, au contraire, à plusieurs centaines de mètres avec un développement d'énergie assez sensible pour crever à 70 mètres, comme l'a montré M. le Pr Roberto à Casale, une cible en papier fort placée sur son trajet. A Breganze, j'ai pu voir également la cible de M. Scotton, du poids de 100 kilo-

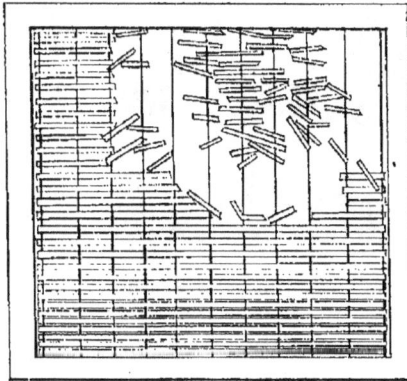

Fig. 28. — Déchirure annulaire provoquée par le tore. (M. Ghellini).

grammes, équilibrée à l'extrémité de son levier de suspension, soulevée *brusquement* de près de 40 cen-

timètres sous le choc du projectile aérien lancé par
un canon situé à 40 mètres au-dessous.

La forme annulaire du projectile gazeux a été mise
en évidence par une expérience très concluante due à
M. le Pr Ghellini, de l'École de viticulture de Conegliano. Une cible spéciale, formée par des barreaux
parallèles entre lesquels sont entrelacées des bandelettes de papier, reçoit le choc du projectile à 12 mètres
de la bouche du canon. Comme le montre la figure
empruntée au mémoire de M. Ghellini, les bandelettes
de papier restent adhérentes au centre et la déchirure
annulaire est très nettement mise en évidence.

La fig. 29 représente la déchirure annulaire provoquée par l'anneau ou tore frappant une cible formée
par un grillage métalli-
que sur lequel on a collé
une feuille de papier. Le
grillage retient le papier
sur la partie centrale correspondant au centre du
tore. La découpure irré-
gulière provient de la déchirure brusque du pa-
pier. Cette photographie a
été obtenue par M. Ver-
morel dans ses essais
poursuivis à la station
viticole de Villefranche
sur la vitesse et la portée
du tore.

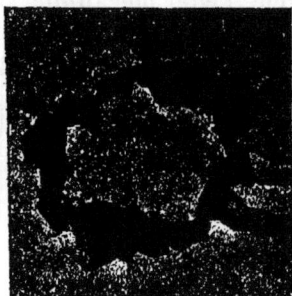

Fig. 29. — Déchirure annulaire
d'une cible frappée par le tore
(M. Vermorel).

Dans certaines conditions d'humidité de l'atmosphère
et d'éclairement, le tore devient très visible et peut
être accompagné par une traînée verticale de fumée
qui en sillonne le trajet dans l'atmosphère. On peut
augmenter la visibilité du tore en mélangeant à la

poudre diverses substances, sels ammoniacaux, sulfure d'antimoine ou en accumulant de la fumée au

FIG. 30. — Tore et colonne de fumée au départ.

voisinage immédiat de l'ouverture du pavillon. Les fig. 30 et 31, qui m'ont été communiquées par M. Sus-

chnig, de Gratz, reproduisent des cas intéressants
de cette visibilité spéciale du tore. La fig. 31 montre que, grâce à sa vitesse de propagation, le tore
est à peine dévié par des vents très violents, alors que

Fig. 31. — Faible dérivation du tore malgré un vent très violent.

les fumées de l'explosion sont transportées horizontalement avec une grande vitesse.

Avec les canons de plus grande puissance (charge
de 1 kilogramme hauteur de pavillon 7 à 9 mètres) le

tore devient beaucoup plus visible ; il brille au soleil
et peut alors être photographié et même cinémato-
graphié comme l'a fait M. Vermorel. La figure 32
reproduit une
photographie
du tore obte-
nue par M.
Grandvoinnet
dans les expé-
riences de M.
Vermorel à
Villefranche.

Il se produit
assez souvent
presque simul-
tanément un
tore secondai-
re qui est par-
fois assez visi-
ble parce qu'il
se colore par

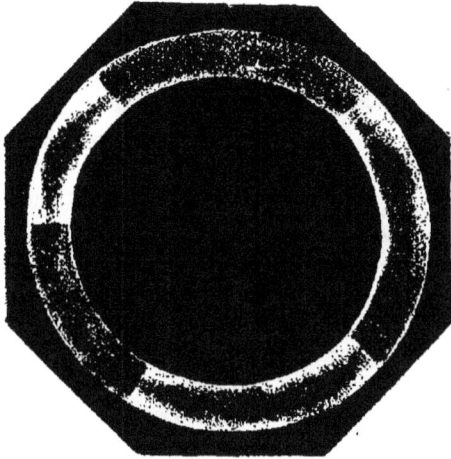

Fig 32. — Photographie du tore.

les fumées de l'explosion, mais il ne s'élève qu'avec une
certaine lenteur et ne peut être confondu avec le tore
principal produisant le sifflement particulier qui accompagne la détonation des canons contre la grêle.

On ne saurait donc actuellement douter de la réalité
du projectile gazeux lancé par les canons à grêle.
Toutefois, sa formation et sa persistance ont été expli-
quées d'une manière un peu différente. Pour M. Vermorel, l'anneau projectile est formé par le frottement
de l'air chassé par le mortier contre l'air immobilisé
dans le pavillon conique. L'anneau se formerait ainsi
dès la partie inférieure du pavillon, s'élargirait en suivant les parois et continuerait sa route animé de deux
vitesses, celle de rotation sur lui-même et celle de

projection en avant, à la façon d'un projectile chassé
par l'explosion de la charge de poudre.

La fig. 33 montre, d'après M. Vermorel, le développement du tore dans le pavillon.

M. Bocchio[1], qui a étudié tout spécialement l'influence de la forme du pavillon sur la production de
l'anneau projectile, donne de sa formation une théorie un peu différente.
Les gaz formés par l'explosion de la
poudre comprimeraient très brusquement toute la masse d'air contenue dans le pavillon. Celle-ci, chassée
au dehors, aurait à équilibrer la colonne d'air atmosphérique qui pèse
sur l'ouverture du pavillon. La résistance de celle-ci au mouvement créerait une dispersion latérale de la
masse d'air projetée et cet échappement latéral au niveau de l'ouverture
supérieure du pavillon créerait l'anneau projectile. L'anneau s'échappe-
rait toujours ainsi avec un diamètre
égal à celui de l'ouverture de la
trombe et cela quelle qu'en soit la
forme, conique, cylindro-conique ou
cylindrique.

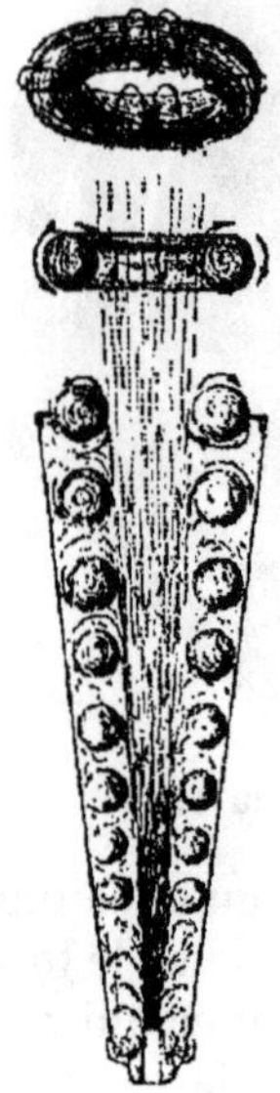

Dans cette théorie de la formation
de l'anneau, on donnerait au projectile une plus grande puissance en
substituant à la trombe conique évasée une trombe
cylindrique de moindre diamètre, mais de plus grande

Fig. 33. — Forma-
tion du tore d'après
M. Vermorel.

1. G. Bocchio, *Gli spari contro la grandine, studi ed esperimenti.* Brescia, 1900.

longueur, pour condenser en quelque sorte dans le
projectile une plus grande masse d'air.

En fait, en substituant à un pavillon conique un
cylindre de 3 mètres de longueur et de 18 centimètres
de diamètre, on a obtenu un anneau nettement visible
à 240 mètres, tandis que l'anneau disparaissait à
140 avec le pavil-
lon conique. La
vitesse du projec-
tile avait sensible-
ment doublé ; le
diamètre de l'an-
neau s'élargissait
peu avec la hau-
teur et restait voi-
sin de 18 centimè-
tres.

Avec un pavillon
conique étroit, 11
centimètres à la
base, 22 centimè-
tres au sommet,
M. Bocchio a obte-
nu à peu près le
même résultat

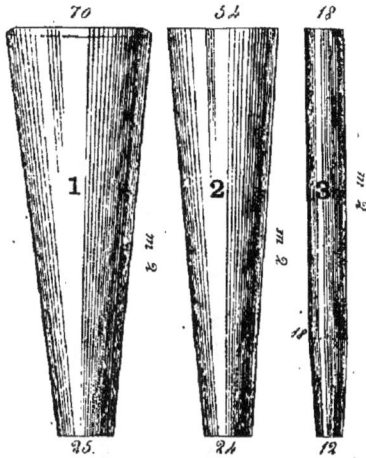

Fig. 34. — Pavillons coniques et
cylindro-coniques.

qu'avec la trombe cylindrique, mais l'accroissement
de diamètre de l'anneau est plus rapide.

Si l'on emploie, au contraire, un pavillon tronco-
nique plus large en bas qu'en haut (n° 6, fig. 35), l'anneau refuse de se former, mais, arrivée à quelques mètres, la fumée de l'explosion se disperse latéralement.

M. Suschnig[1], de Gratz, a poursuivi également des

1. SUSCHNIG, Rapport au Congrès de Casale, 1899.
SUSCHNIG, Albert Stiger's Wetterschiessen in Steiermark.
Gratz, 1900.

recherches expérimentales sur la meilleure forme à donner au pavillon surmontant le mortier. M. Suschnig a fait usage dans ces essais d'un mortier long dans lequel le diamètre du calibre intérieur est à la longueur de ce même calibre, comme 1/16 ou comme 1/20. Cette forme de mortier, haut de 0^m,40 à 0^m,50, donne le sifflement le plus prolongé avec un pavillon conique dans lequel le rapport de la largeur de l'ouverture est à la longueur comptée depuis le centre d'explosion comme 1/5 ou comme 1/6,5.

La durée du sifflement s'est accrue, dans les expériences de M. Suschnig, avec la capacité du pavillon. On a obtenu, pour une charge de 100 grammes de poudre et un pavillon de 196 litres, une durée de sifflement de 10 secondes. Cette durée a atteint 13 secondes pour une capacité de 524 litres et 16 secondes pour un pavillon de 907 litres.

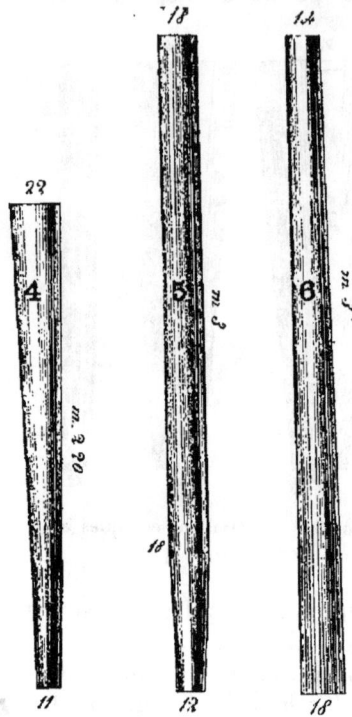

Fig. 35. — Pavillons coniques ou cylindro-coniques étroits. (Expériences de M. Bocchio).

M. Suschnig a comparé les pavillons de forme paraboloïde aux pavillons de forme conique ; la durée du sifflement s'est montrée rigoureusement la même ;

mais le sifflement paraissait plus aigu (sifflement hur-
lant) (sibilli urlanti) avec les formes ellipsoïdes ou
paraboloïdes.

Il est donc actuellement bien nettement établi que,
suivant la disposition du mortier, de la cheminée
d'échappement des gaz et suivant la forme du pavillon,
le projectile gazeux peut se former en emportant avec
lui une quantité d'énergie mécanique fort variable.

Pour apprécier la puissance mécanique de ce nouveau
projectile, on s'est efforcé de mesurer, de même que
pour les projectiles solides de nos canons de guerre,
les deux éléments suivants :

1° La vitesse du projectile au départ ;

2° La puissance du choc du projectile heurtant une
cible.

Dans le cas d'un projectile solide, la connaissance
du poids du projectile permet de déduire la puissance
du choc de la vitesse du projectile. Dans le cas du
projectile gazeux des canons grandinifuges, la détermination du poids du projectile n'est guère possible ;
il n'est pas d'ailleurs bien établi qu'il progresse uni-
quement en vertu de sa vitesse initiale de projection
et de son inertie. Il est plus probable, au contraire,
que, pour vaincre la résistance de l'air, l'anneau progresse non seulement en utilisant sa force vive de
projection, mais encore en cédant peu à peu à l'atmosphère voisine, sur laquelle il roule en quelque sorte,
l'énergie mécanique qu'il a emmagasinée dans son
mouvement de rotation rapide sur lui-même.

Peut-être aussi, et ce point appelle de nouvelles
études, le projectile tore est-il accompagné du transport d'une masse d'air projetée en même temps que lui
et lui cédant progressivement sur une certaine longueur de son concours, son énergie mécanique. Il
y aurait dans ce cas deux projectiles associés sur

une certaine distance de leur parcours ; le premier, projectile primaire, serait représenté par la plus grande partie des gaz de l'explosion ; le second, de plus faible masse, mais de plus grande énergie mécanique, serait le tore visible.

La conception d'un projectile double est d'ailleurs celle de Helmoltz, développée par M. Riecke qui a étudié plus spécialement les tourbillons de fumée de faible énergie mécanique. Il indique que l'anneau tourbillon (tore) n'est pas seul, mais est enveloppé d'un corps tourbillonnaire ou masse d'air de plus grande dimension que lui et présentant la forme d'une tête d'oignon. Le mouvement de rotation de ce corps tourbillonnaire est plus lent que celui de l'anneau et ce.serait en quelque sorte le vrai projectile lancé par le canon ; il porterait en lui, avec le tore, le principe de sa conservation comme mode de mouvement, mais la vitesse de progression du tore serait plus directement sous la dépendance de l'impulsion transmise par la charge au corps tourbillonnaire.

FIG. 36. — Tore et corps tourbillonnaire (vitesse modérée).

Le tore, pendant sa progression, lancerait, d'après M. Riecke, au travers du corps tourbillonnaire enveloppant un courant d'air qui décrirait à l'intérieur de celui-ci une trajectoire en forme d'un α grec.

Dans le cas de vitesses aussi élevées que celles auxquelles est soumise la propagation de l'anneau dans le tir des canons grandinifuges, la forme du corps tourbillonnaire de Helmoltz paraît devoir être considérablement modifiée. L'air rencontré par le tore doit glisser, en vertu de son inertie, à la surface de ce dernier et traverser l'anneau. Le frottement rapide des deux courants de direction opposée, courant central descendant (air inerte) et courant latéral ascendant (bord interne de l'anneau), paraît devoir être la cause la plus logique à laquelle on peut attribuer le sifflement du projectile gazeux. On sait que ce sifflement disparaît brusquement dès que l'anneau vient heurter un obstacle en se

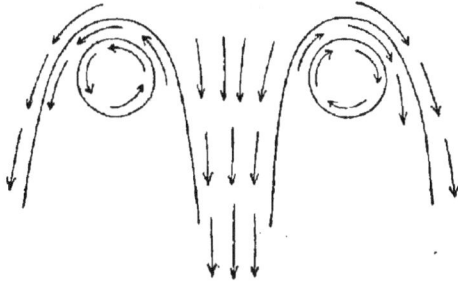

Fig. 37. — Frottement du tore animé d'une grande vitesse dans l'air qu'il traverse.

détruisant. La fig. 37 nous paraît devoir représenter assez bien le mouvement de l'air sur le passage du projectile annulaire.

Tout récemment, M. le Pr Vicentini[1], de Padoue, a réalisé avec un canon minuscule, pistolet armé d'un pavillon, des tores sans sifflement, mais présentant une assez grande énergie. Les objets frappés par le centre du corps tourbillonnaire étaient chassés en avant ; les corps frappés latéralement par le même corps tourbillonnaire étaient rejetés en arrière. M. Vicentini a bien voulu répéter devant moi, à Padoue, l'expérience suivante, qui confirme bien la constitution théorique assignée au tore par M. Riecke. Une cible à paroi perméable, formée par une toile métallique à mailles de 3 à 4 millimètres, est disposée à 4 mètres environ en avant de l'orifice d'une boîte de Tait pour la formation

1. Vicentini et Pacher, Esperienze sui projettili gazosi, 1900.

de l'anneau. Cette toile métallique est vernie à l'aide
d'une solution de savon glycérinée qui forme une
pellicule continue à la surface de la cible. Le tore
projeté horizontalement traverse la cible sans se dé-
truire et marque son passage en découpant assez nettement deux circonférences correspondant au diamètre
extérieur ou intérieur de l'anneau. Sur la circonférence
extérieure, le liquide est chassé en sens inverse du
mouvement de propagation. Sur la circonférence intérieure, le liquide est projeté en avant. Quant à la
partie centrale comprise dans la circonférence intérieure du tore, elle est également dépouillée de son
liquide, qui est projeté en avant, comme l'indique la
constitution du corps tourbillonnaire. Il y a lieu
cependant de remarquer que, dans l'expérience très
intéressante de M. Vicentini, la vitesse de propagation
du tore est modérée et il est impossible d'affirmer que
la disposition du corps tourbillonnaire ne soit pas très
sensiblement modifiée pour des vitesses atteignant
jusqu'à 100 mètres à la seconde.

L'anneau, pendant sa progression, paraît formé de
parties de transparence inégale associées à la façon de
rondelles enfilées côte à côte dans un cercle. Cette ap-
parence est très bien reproduite par la photographie de
M. Granvoinnet, obtenue au cours des expériences de
M. Vermorel à la station de Villefranche. (fig. 32). Le
mouvement très rapide de rotation sur lui-même dont
le tore est animé porte à penser que l'air est raréfié à
l'intérieur et comprimé vers ses parois. L'air du corps
tourbillonnaire de Helmoltz pénétrerait donc à l'intérieur du tore et y transporterait la vapeur d'eau ou
les poussières rencontrées sur le trajet du projectile.
De là la visibilité inégale des diverses parties du tore
suivant les régions de l'anneau et aussi suivant les
conditions atmosphériques. M. Marangoni a exprimé

récemment l'opinion que la rentrée de l'air à l'intérieur
du tore produisait son sifflement; il semble plus natu-
rel de l'attribuer à la rapide circulation de l'air dans
le corps tourbillonnaire au voisinage du tore ou au frottement du tore dans l'atmosphère traversée par ce
projectile.

MESURE DE LA VITESSE DU PROJECTILE GAZEUX

Dans les premiers mois de l'année 1900, l'Association de tir de Conegliano confia à une Commission,
composée de MM. Ghellini, Durand et Caorsi l'exécution d'un programme de recherches tendant à
déterminer la vitesse du projectile gazeux lancé par
les canons grandinifuges. Cette mesure fut obtenue
dans le tir vertical à l'aide du chronographe Lebou-
langer [1]. Le principe de cet appareil est le suivant. Un
électro-aimant supporte, à l'extrémité d'une colonne,
une tige de métal recouverte d'un tube de zinc. Lorsque
le circuit de cet électro-aimant est rompu, la tige

1. Mgr Scotton de Breganze a fait récemment breveter un
nouveau modèle de chronographe spécialement disposé pour
la mesure des vitesses successives du projectile des canons
grandinifuges. Le principe de cet appareil est le suivant : un
style commandé par un électro-aimant écrit sur un cylindre
animé d'un mouvement de rotation uniforme un trait continu
tant que le circuit de l'électro n'est pas rompu. Le trait est au
contraire interrompu lorsque le circuit est rompu. Un liteau
léger, placé au-dessus de la bouche du canon, rompt le circuit
de l'électro, tandis qu'une seconde cible le ferme à nouveau ;
une troisième cible ouvre le circuit; la suivante le ferme et
ainsi de suite. La longueur des interruptions du tracé et des
traits écrits sur le cylindre inscripteur permet ainsi de connaître le temps que met le projectile à franchir la distance des
cibles successives disposées sur son trajet.

tombe en passant devant un couteau actionné par un
second électro-aimant B. Si pendant la durée de la
chute de la tige le circuit de l'électro-aimant B vient
à être rompu, le couteau marque d'une entaille sur la
tige de zinc la longueur du chemin parcouru par
celle-ci. Comme la tige tombe en chute libre, il est
facile de déduire des formules $v = \sqrt{2gh}$ et $v = gt$
la valeur du temps $t = \sqrt{\dfrac{2h}{g}}$ qui s'écoule entre la
rupture successive des deux circuits. Dans les expériences de Conegliano pour le tir horizontal, le premier
circuit était rompu par le passage du projectile gazeux
à la sortie du mortier. La cible rencontrée par le projectile à la distance de 14 mètres rompait le second circuit. Avec une charge de 80 grammes de poudre de mine
à grain moyen, le canon Barnabo à mortier cylindro-
conique, trombe de 2 mètres, imprima au projectile
une vitesse moyenne de 88^m,77. Dans la seconde série
d'expériences, une charge de 130 grammes de poudre,
avec le canon Barnabo, à trombe de 3 mètres, donnait
au projectile une vitesse de 113^m,46 à la seconde.

Dans le tir vertical les vitesses mesurées pour le
projectile ont été beaucoup plus élevées. Les expériences ont été faites au pied de la tour de Costa à
Conegliano. La distance verticale de la première cible
à la bouche du canon était de 6 mètres; la distance de
la seconde cible à la première était de 13^m,30. La vitesse du projectile mesurée sur cet intervalle a été de
312^m,64 à la seconde pour une charge de 100 grammes
de la poudre Muccioli d'Udine et de 291^m,31 pour une
charge de 80 grammes de poudre du gouvernement.
Ce dernier résultat a été fourni par la moyenne de 7
coups pour lesquels les vitesses du projectile annulaire
ont varié de 277^m,55 à 308^m,33.

Les expériences poursuivies à Conegliano ont fait connaître que la vitesse du projectile présentait de grandes irrégularités quand on s'éloignait de la charge normale soit en plus, soit en moins. Pour un canon déterminé, il y a donc une charge optima qui donne au projectile sa plus grande efficacité.

M. Suschnig, dans ses expériences de Gratz, a observé des vitesses très variables pour l'élévation de l'anneau en tir vertical. Ces vitesses ont varié de 13 mètres à 190 mètres par seconde. La plus grande vitesse observée, 190 mètres, sur un parcours de 30 à 80 mètres, a été produite avec une charge très modérée 70 à 80 grammes de poudre. La plus faible vitesse 12^m,7 a été donnée par une charge de 240 grammes. Il est probable que dans ce cas il s'agissait d'un anneau secondaire que l'on observe parfois après le départ du premier projectile. M. Suschnig n'avait observé jusqu'à la fin de 1899 aucun effet mécanique appréciable produit par le passage de l'anneau; il expliquait l'action des tirs par la formation d'un tourbillon transportant les ondes sonores ou plutôt vibratoires dans la direction du nuage orageux grâce à la forme du pavillon. C'est à la suite de cette communication de M. Suschnig au congrès de Casale que M. le Pr Roberto montrait la rupture d'une cible en papier fort provoquée à 70 mètres de distance par le passage du tore.

Les résultats irréguliers donnés par la mesure des vitesses proviennent en partie de la difficulté de bien voir l'anneau sur une longueur suffisante de son parcours de manière à ne pas confondre sa vitesse avec celle d'un anneau secondaire ou avec celle du projectile primaire qui peut atteindre une cible disposée à une trop faible distance de la bouche du canon.

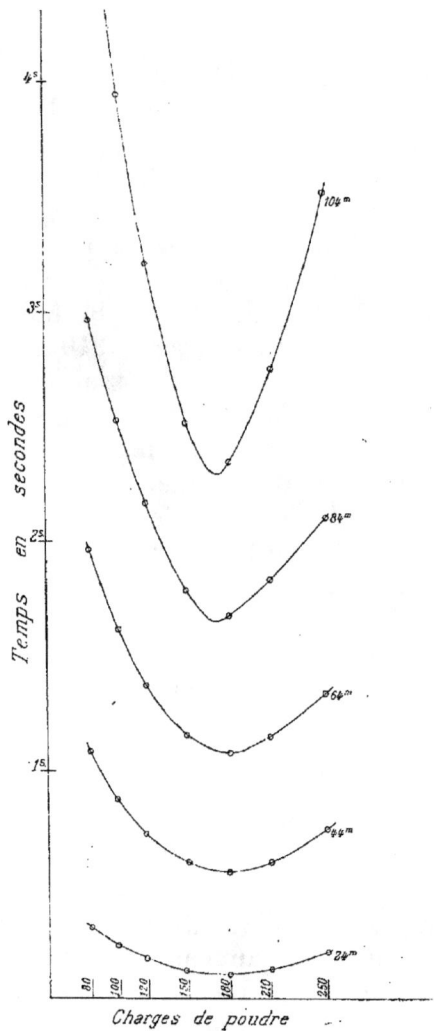

Fig. 38. — Graphique des vitesses de propagation du tore pour la détermination de la charge optima (Expériences de MM. Pernter, Suschnig et Trabert).

MM. Pernter et Trabert ont obtenu dans leurs récentes expériences, à l'aide de mesures chronographiques assez rigoureuses, des vitesses plus faibles que celles relevées par M. Ghellini. A la distance de 24 à 30 mètres la plus grande vitesse moyenne correspond à une charge de 180 grammes de poudre soit dans le tir vertical, soit dans le tir horiontal comme le montre le tableau suivant :

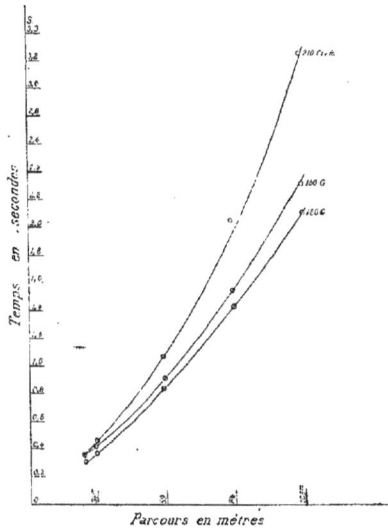

FIG. 39. — Décroissement de la vitesse du tore en tir vertical. (Expériences de MM. Pernter et Trabert).

TIR HORIZONTAL (DISTANCE 24 MÈTRES)

Charges	80gr	100	120	150	180	210	250
Durée de propagation du tore en secondes	0s.45	0,38	0,33	0,31	0,28	0,30	0,36
Vitesse	53m,5	63,2	72,8	78,5	85,5	80,0	66,7

TIR VERTICAL (DISTANCE 30 MÈTRES)

Charges	105gr	180	210
Durée de propagation	0s.35	0,30	0,36
Vitesse	85m,6	100	83,3

Avec cette charge la plus favorable de 180 grammes de poudre pour le modèle de canon employé la vitesse moyenne observée pour des distances progressivement croissantes entre 24 et 104 mètres (tir horizontal) et entre 30 et 109 mètres (tir vertical) se réduit comme l'indique le tableau suivant extrait des observations publiées par MM. Pernter et Trabert :

TIR HORIZONTAL (CHARGE 180 GRAMMES)

Distance.	24^m	44	64	84	104
Durée de propagation du tore	0^s,28	0,65	1,08	1,70	2,12
Vitesse moyenne déduite. .	85^m,5	67,8	59,2	49,5	51,0

TIR VERTICAL (CHARGE 180 GRAMMES)

Distance..	30^m	59	84	109
Durée de propagation du tore.	0^s,30	0,83	1,42	2,11
Vitesse moyenne déduite.. . .	100^m,0	71,0	59,1	51,8

MM. Pernter et Trabert se sont efforcés de calculer, à l'aide des vitesses moyennes observées pour la propagation du tore, les vitesses de ce même projectile au moment où il atteint ces mêmes distances. Les vitesses actuelles aux distances successives sont données pour diverses charges de poudre par le tableau suivant :

VITESSES DU TORE EN TIR HORIZONTAL

	CHARGES DE POUDRE			
AUX DISTANCES DE	80^{gr}	120^{gr}	180^{gr}	250^{gr}
24 mètres.	33^m,5	47,5	57,6	49,2
44 —	30^m,2	41,0	49,9	44,3
64 —	25^m,2	34,2	43,0	36,9
84 —	18^m,5	27,2	38,2	26,1
104 —	6^m,7	19,0	34,1	8,2

VITESSES DU TORE EN TIR VERTICAL

AUX DISTANCES DE	CHARGES DE POUDRE		
	150gr	180gr	210gr
34 mètres	56m,1	63,0	45,5
59 —	44m,1	47,2	33,0
84 —	34m,1	36,2	22,0
109 —	27m,5	34,2	15,1

C'est en se basant sur cette loi de réduction de vitesse déduite du calcul appliqué à leurs observations que MM. Pernter et Trabert fixent en moyenne à 227 mètres la hauteur à laquelle la vitesse du tore se réduirait à zéro. Dans le cas le plus favorable la hauteur du projectile ainsi évaluée ne dépasserait pas 400 mètres.

Cette estimation qui repose sur le calcul de la réduction des vitesses du tore avec la distance laissait supposer que le tore cessait de progresser tout en continuant à siffler. La hauteur de 227 mètres à laquelle s'arrêterait le tore pour la charge de 180 grammes serait franchie en 5 secondes 23, or la durée du sifflement durant 18 à 20 secondes et le son mettant moins de 1 seconde pour franchir les 227 mètres le sifflement se continuerait encore pendant 13 secondes environ. MM. Pernter et Trabert ont été ainsi amenés à vérifier si la portée observée du projectile correspondait à la portée calculée. La portée limite du tore avait en effet été calculée en déduisant par extrapolation des vitesses successivement réduites entre 0 et 109 mètres les valeurs des vitesses pour des distances graduellement croissantes. Comme on peut le voir par l'allure des graphiques qui ont servi de base à ce calcul, il restait une certaine incertitude sur l'exactitude de la distance calculée pour laquelle la vitesse de propagation du tore serait réduite à zéro. Les comparaisons effectuées jusqu'à ce jour indiquent que la portée réelle dépasse un peu la portée prévue par le calcul.

Les observations faites en ballon captif n'ont pas

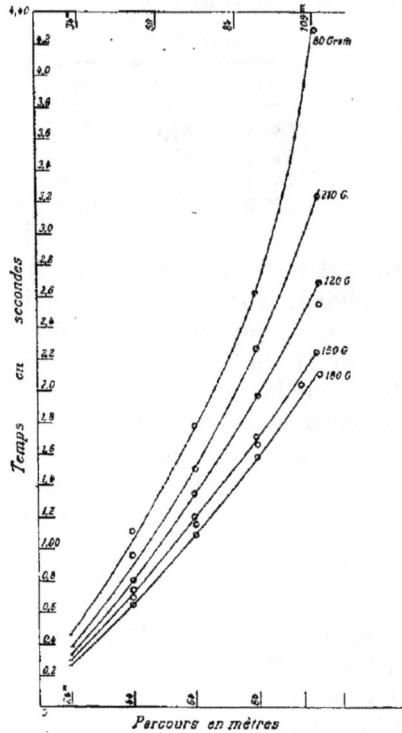

Fig. 40. — Décroissement de la vitesse du tore au tir horizontal.

donné de résultats bien concordants pour déterminer la limite atteinte par le tore qui n'a pas semblé dépasser 400 mètres à cause de la réelle difficulté de ce genre d'observation. M. Suschnig en résumant au Congrès de Padoue les expériences qu'il a poursuivies en collaboration avec M. Pernter conclut de ces expériences que les anneaux produits avec les grands canons avec charge normale de 180 grammes s'élèvent jusqu'à une hauteur de 300 à 400 mètres et que si l'on tient compte de l'incertitude des valeurs calculées on peut majorer au plus cette hauteur de 100 mètres de telle sorte que l'anneau gazeux ne dépasserait pas 500 mètres. Les canons à charge de 80 grammes

produiraient un tore ne dépassant pas beaucoup 100 à
150 mètres.

Dans ses récentes expériences de Villefranche
M. Vermorel en faisant usage d'un canon à trombe de
6 mètres avec charge de 500 grammes a obtenu une
portée qui évaluée par le diamètre apparent de l'anneau
paraît bien supérieure à celles indiquées par MM. Pernter et Trabert. L'anneau qui mesure 3 mètres de

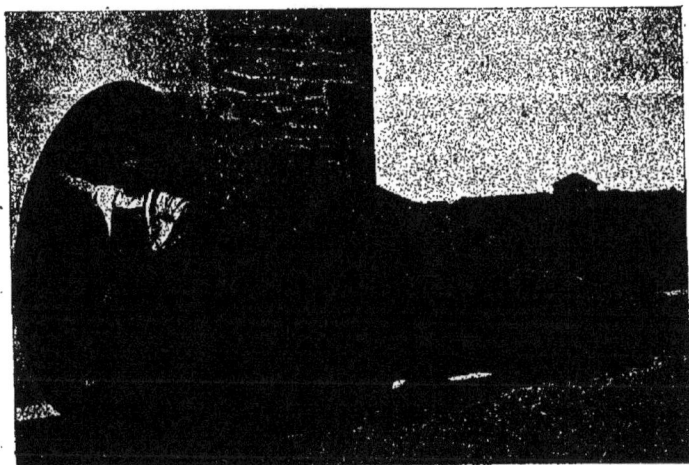

FIG. 41. — Canon géant de M. Vermorel.

diamètre à la sortie du pavillon apparaît à la hauteur
de 100 mètres avec un certain diamètre apparent; on
le suit pendant 5 secondes environ; son diamètre est
alors réduit à moins du tiers de son diamètre apparent
primitif malgré l'augmentation de diamètre que subit
le tore en s'élevant. Ce résultat indiquerait une hauteur
supérieure à 300 mètres franchie par le tore en
5 secondes et, comme il siffle encore pendant 20

secondes, on peut prévoir en assignant à la vitesse de
circulation du tore nécessaire à la production du sifflement le chiffre minimum de 15 mètres par seconde
un parcours supplémentaire de 300 à 500 mètres. La
portée totale du projectile pourrait dépasser 800 mètres.
M. Vermorel estime que le tore cesse d'être visible
parce qu'il pénètre dans une atmosphère plus sèche et
qu'il se débarrasse peu à peu des poussières ou des
condensations qui le rendaient visible.

C'est en se basant sur une vitesse initiale du projectile de 250 mètres par seconde et sur une vitesse de
25 mètres par seconde après 16 secondes de sifflement
que M. le Pr Roberto avait indiqué pour le projectile
gazeux une portée supérieure à 1 000 mètres. M. Roberto
assignait au projectile la vitesse de translation de 25 mètres par seconde après 16 secondes parce que le sifflement d'un corps solide déplacé dans l'air ne commence
à se manifester nettement que pour cette vitesse.

La question de la portée maxima du projectile
gazeux lancé par la nouvelle artillerie agricole reste
donc à l'étude. En dehors des mesures que nous
venons de rapporter nous n'avons que des observations
basées sur la dislocation des nuages par les tirs. Plusieurs observateurs postés sur des montagnes dominant
les stations de tir auraient vu des bouffées s'élever du
milieu de ces nuages à chaque coup de canon. Pour
l'une de ces observations rapportée au Congrès de
Casale par M. le Pr Sandri l'altitude à laquelle aurait
été observée l'action du projectile serait voisine
de 1 400 mètres. Au congrès de viticulture de Paris,
juin 1900, M. le Pr Kosinski a indiqué une hauteur de
1 200 mètres obtenue par triangulation comme correspondant à l'emplacement où les nuages auraient été
troublés par le projectile dans des expériences poursuivies en Hongrie.

On pourrait certainement obtenir des renseignements plus précis sur la portée des tirs en organisant des expériences au voisinage de certains abrupts dominant les plaines voisines. Le versant Nord du Mont Ventoux alors que le sommet de la montagne 1 907 domine de quelques centaines de mètres la mer de nuages formée au-dessus de la plaine voisine serait un poste d'observation assez favorable pour cette intéressante et utile détermination. La différence de vitesse dans le tir horizontal et dans le tir vertical a été observée dans le même sens par M. Ghellini à Conegliano et par M. Pernter à Vienne. Il n'est pas facile d'en donner une explication. Doit-on invoquer le défaut de symétrie dans la réaction de l'air chassé latéralement au départ du projectile à l'ouverture du pavillon? Dans le cas du tir vertical tout est symétrique autour de l'orifice; dans le cas du tir horizontal la détente de l'air vers le bas est limitée par le sol tandis qu'elle s'opère plus librement vers le haut dans l'atmosphère. On sait que dans l'hypothèse de M. Bocchio l'anneau serait engendré par cette détente latérale. Les divers secteurs de l'anneau chassé par un tir horizontal se mouvraient à l'origine avec des vitesses inégales; de là la moindre vitesse du projectile au départ. Peut-être aussi la moindre portée du projectile lancé horizontalement vient-elle en partie de ce que l'affût de la pièce est moins bien épaulé que dans le tir vertical. On a observé à Breganze une moindre force de projection en tir vertical lorsque le trépied de la pièce reposait sur un sol mou et non tassé.

MM. Pernter et Trabert signalent également le grondement particulier rendu par les canons de gros calibre à fortes charges au moment de la détonation. Ce grondement dure quelques instants puis il est remplacé par un sifflement à tonalité changeante. Ce grondement

particulier (rombo) distinct du sifflement (Sibillo)
paraît déterminé par une forme spéciale du projectile
d'air formé par l'explosion. M. Bocchio en rapportant
les essais qu'il a poursuivis sur l'influence de la forme
des pavillons pour la formation du tore cite un cas où
l'apparition de l'anneau n'était accompagné d'aucun
sifflement mais d'un très fort grondement. Le tir qui a
donné chaque fois ce résultat était opéré au niveau du
lac de Garde et à proximité d'une roche verticale s'élevant à 100 mètres au-dessus du canon. On pouvait voir
l'anneau dépasser le sommet de la roche sans être
accompagné d'aucun sifflement.

Si l'on ajoute à cela que le sifflement peut ne pas
se produire avec une même charge de poudre et le
même canon sous l'influence d'un échauffement
modéré du pavillon par plusieurs décharges successives
on comprendra que la formation du projectile aérien
soit soumise à un mécanisme assez compliqué et que
pour apprécier les qualités d'un canon au point de vue
de la formation de ce projectile le mieux soit de
recourir à un essai direct capable de donner une indication sur la force vive dont est pourvu le projectile
gazeux.

MESURE DE L'ÉNERGIE MÉCANIQUE DU PROJECTILE

Dans les premiers concours de canons tenus en Italie le jugement sur la puissance des appareils avait été
rendu d'après la durée et l'intensité du sifflement
rendu par l'explosion. A la suite de la démonstration
de la réalité du tore projectile donnée par M. le
Pr Roberto à Casale il vint à l'idée de plusieurs personnes de mesurer la puissance du canon par la valeur
du choc imprimé à une cible mobile par la rencontre

du tore projectile. L'une des premières et des meilleures installations est due à Mgr Scotton, de Breganze.

La commune de Breganze est très fière de son campanile ou tour dont la croix s'élève à 89 mètres au dessus du sol. A 42 mètres au-dessus du sol s'ouvre la terrasse sur laquelle sont installées les cloches et que surmonte la flèche élancée du campanile. Au niveau de la terrasse et faisant saillie à l'extérieur de 3 mètres environ deux poutres fixes servent de point d'appui ou plutôt de point d'arrêt à un robuste plancher de 9 mètres carrés environ et du poids de 100 kilogrammes. Ce plancher formé de lattes assemblées sur des poutrelles est suspendu à l'extrémité d'une poutre formant levier. Un contrepoids disposé à l'extrémité opposée du levier équilibre à peu près le plancher ou cible mobile qui doit être soulevée par le choc du projectile. Pour apprécier la puissance du choc l'extrémité libre du levier pénètre sur la terrasse et actionne un second levier transversal muni d'un crayon. La course du crayon sur un carton gradué donne la mesure de la puissance balistique du projectile.

La cible est ainsi disposée à 40 mètres du canon, et, pour être renseigné sur le point où a porté le projectile, chacun de ses angles manœuvre un index spécial qui fait connaître la hauteur à laquelle

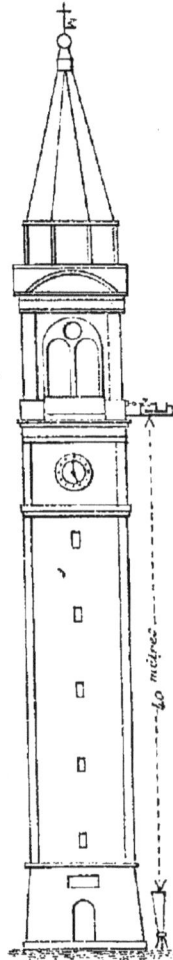

Fig. 42. — Cible de Mgr Scotton, à Breganze.

chacun d'eux a été soulevé. Si le projectile frappe au
centre les 4 index sont soulevés de la même quantité.
On règle le tir du haut de la terrasse car au moment
où passe le projectile d'air son sifflement permet assez
bien d'apprécier si le coup a porté en avant ou en
arrière, à droite ou à gauche de la cible.

De très nombreux essais de canons ont été poursuivis
à l'aide de la cible du campanile de Breganze et les renseignements recueillis par cette méthode ont permis à
plusieurs constructeurs d'améliorer très sensiblement
la valeur de leur matériel.

Lors du concours de Rovigo, 22 au 27 mai 1900, une
cible exactement semblable à celle de Breganze fut
organisée par Mgr Scotton à la hauteur du toit du sémi-
naire. Nous reproduisons ici le tableau des résultats
donnés par les tirs exécutés par divers modèles de canons
présentés au concours. Le nombre de points obtenus à
la cible correspond à la plus forte valeur de l'un des
4 coups tirés sur la cible par chacun des concurrents:

NOM DU CONSTRUCTEUR	TYPE DU CANON	POINTS A LA CIBLE
Laverda.	A mortier et à cartouche. .	60
—	A mortier avancarica.. . . .	40
Olian Fannio.. . .	A mortier et à cartouche, avec vis de pression. . .	24
Rebellato.	A mortier et à cartouche à bascule.	33
Garolla..	Vittoria à mortier court et à cartouche.	24
—	A levier et à retrocarica.. .	21
Cuzzi.	A mortier avancarica.. . . .	18,5
—	Le même, de plus grande di-mension..	60
—	Le même, mais orientable..	40
Ongaro et Vézu.. .	Type Bottani, mortier à re-trocarica	41
Sorlini.	Mortier à bascule.	40
Milani.	Retrocarica à cartouche.. .	40
Fabrique de Brescia.	Type Redondi à retrocarica.	30

Ces résultats ont été donnés avec la même charge 55 grammes de poudre du gouvernement. Ils montrent l'inégalité de puissance des divers appareils. Toutefois les résultats pour être comparables semblent autant que possible devoir être obtenus à l'aide du même type de cible placée à une même distance. Les résultats des tirs donnés par une cible de modèle différent et à une distance inégale ne sont pas en général concordants. Le tore est très facilement dévié de sa trajectoire et attiré par les obstacles voisins ; il faut donc toujours s'assurer qu'il n'a pas heurté la paroi de l'édifice ou les pylones supportant la cible. Sa destruction partielle ou totale dans ces conditions explique certaines irrégularités parfois observées dans l'énergie mécanique des tores chassés par le même canon.

Dans le concours de canon tenu à Schio les 17 et 18 février la puissance des canons a été appréciée à l'aide d'une cible formée d'un disque de fer de 1^m,20 de diamètre supporté par un levier à 4 mètres environ de la bouche des canons. Le soulèvement du disque dans ses guides était inscrit à l'aide d'un crayon indicateur. Le produit du poids du disque par son soulèvement tendait à donner l'indication du travail développé par le choc du projectile et servait pour le classement des pièces.

Voici le résultat du classement donné par ce concours au point de vue de la puissance du projectile. Chaque canon a tiré deux coups dont on a pris la moyenne ; on peut voir par l'inégalité de la puissance de choc développé par certains canons combien est irrégulier l'effet utile développé par l'explosion d'une même charge de poudre. Cela peut tenir soit à un pointage défectueux, soit à un vice de construction du canon. Il semble toutefois que le désaccord soit surtout marqué pour les canons à faible puissance.

	POINTS A LA CIBLE		
NOM DES CONSTRUCTEURS	1ᵉʳ coup	2ᵉ coup	MOYENNE
Anti.	10	10	10
Dal Zago retrocarica.	15	35	25
Macchi —	10	40	25
De Antoni —	155	155	155
Tua —	10	10	10
Glisenti —	30	30	30
— —	30	35	32,50
Guzzi avancarica.	180	180	180
— retrocarica.	35	40	37,50
— avancarica.	145	145	145
— retrocarica.	20	30	25
Rebellato —	105	105	105
Piloti et Sammartini retrocarica.	65	70	67,50
Magliano.	130	100	115
Garolla Vittoria retrocarica.. .	100	85	92,50
Laverda mortier à cartouche. .	125	120	122,50
Ongaro Bottani retrocarica.. .	62	105	83,50
Fabrique d'armes (Brescia), Redondi retrocarica. . . . {	130 125 }	140	132
Fabrique d'armes (Brescia), Alberti retrocarica.. . . . . {	125 170 }	125	140

L'épreuve à la cible, réalisée comme dans tous les concours de ce genre avec des charges égales, n'est pas à l'abri de toute critique. La première et la plus importante est que chaque canon ne donne son maximum d'effet que pour une charge déterminée. Imposer à un canon construit pour 200 grammes une épreuve avec 50 grammes, c'est le mettre dans un état de grande infériorité vis-à-vis d'un canon établi pour donner son maximum d'effet avec 50 grammes. Tel canon en augmentant sa *charge* voit croître très rapidement son effet utile, tandis que pour un autre l'effet reste à peu près stationnaire. Dans les essais libres poursuivis en dehors du concours à Schio, le canon Magliano à cheminée longue a pu tripler sa puissance, 347 points au lieu de 115 en faisant croître sa charge. Le même résultat n'aurait sans doute pas été obtenu si la cible au lieu d'être placée à 4 mètres eût été disposée à 40 mètres, comme à Breganze.

Dans le concours de Piacenza (Plaisance) la cible était placée à 6 mètres seulement de la bouche des canons. Dans ces conditions l'un des canons (canon Gattini) dont le projectile atteignait le maximum d'énergie pratiquait dans les planches de la cible de vrais trous où s'incrustaient les bourres. Il s'agissait dans ce cas selon toute évidence du choc du projectile primaire qui s'ajoutait à celui de l'anneau et en renforçait considérablement l'action mécanique.

En résumé, l'épreuve à la cible semble devoir donner des indications utiles surtout pour apprécier l'accroissement de la puissance progressive d'un même canon, à la suite de retouches diverses opérées par son constructeur dans sa fabrication. Elle ne semble devoir permettre une utile comparaison entre deux pièces de modèle différent qu'autant qu'elles sont établies pour des charges assez voisines. Il semble de plus qu'il y ait un réel intérêt à augmenter la distance de la cible au canon, afin de ne pas confondre le choc de la masse d'air expulsée du cône de projection avec le choc du projectile gazeux, qui seul se propage à une distance considérable et peut seul avoir une action efficace pour la transformation des nuages contre lesquels le tir est dirigé.

Du choix d'un canon. — Les qualités balistiques d'un canon, vitesse du projectile, énergie du choc, ne sont pas les seules qualités dont il soit utile de tenir compte dans le choix du canon. Dans l'incertitude où l'on est actuellement sur la cause réelle de l'efficacité des tirs pour la transformation des nuages orageux, transport d'air chaud, transport de poussières, vibra-

tions sonores, il n'est pas sûr que l'énergie du projectile gazeux donne la mesure de l'efficacité des tirs. On
peut cependant faire remarquer avec raison que le
canon qui donnera lieu à la projection d'air la plus
violente sera aussi l'un de ceux qui donnera en général
naissance à la trépidation et à la vibration sonore la
plus puissante et la mieux canalisée.

Il est possible toutefois que la pratique des tirs enseigne un jour que le canon le plus puissant est celui
qui *gronde* le plus fort et non pas celui qui *siffle* le
mieux. Tel est d'ailleurs le résumé de la théorie de
M. le capitaine Revelli qui s'est efforcé de créer un
canon donnant un grondement très puissant mais un
sifflement nul. Le pavillon du canon Revelli (voir
fig. 21) est très évasé au sommet; on voit se former
après l'explosion un anneau de grand diamètre qui
s'élève lentement sans siffler et disparaît à une très
faible hauteur.

Mais en l'absence de renseignement précis sur l'efficacité de ce canon, qui est plus spécialement recommandé pour la protection des plaines, à cause de la
plus large dispersion de ses ondes sonores, il y a lieu
de s'efforcer de créer les canons dont le projectile
gazeux pourra atteindre la plus grande portée. L'immense majorité des canons appliqués à la défense du
vignoble italien sifflent et forment un tore. Dans l'impossibilité où l'on est actuellement d'être fixé sur
l'interprétation qu'il convient de donner à leur action
sur les nuages à grêle, le conseil le plus sûr est de
recommander l'emploi des canons formant le tore le
plus énergique.

Indépendamment de ces qualités balistiques le canon
grandinifuge devra en présenter trois autres indispensables pour la pratique des tirs, la solidité, la simplicité et la sécurité.

La *solidité* du canon est essentielle, car les violentes secousses auxquelles les pièces sont soumises ne tardent pas à amener des avaries sérieuses qui peuvent déterminer soit un arrêt de fonctionnement, soit sa destruction complète. Les mortiers qui ont éclaté en Italie en 1899 se comptent par centaines ; la fonte doit être proscrite de leur construction à moins de leur donner une épaisseur exceptionnelle. Le pavillon conique est également fort souvent éprouvé par les tirs ; les rivets qui assemblent les tôles prennent du jeu et finissent par sauter pour peu qu'ils soient attaqués par la rouille. L'assemblage des tôles du pavillon doit autant que possible être assuré par deux rangées de rivets. Plusieurs constructeurs ont également renforcé leurs pavillons en les bridant à 2 ou 3 niveaux par des cercles de fer.

La *simplicité* du mécanisme doit être aussi grande que possible. On doit se rappeler que les canons grandinifuges sont des armes très dangereuses confiées à des mains inexpérimentées. Il faut par suite proscrire les mécanismes compliqués avec leviers multiples ou avec ressorts pour le rappel des leviers. Il faut surtout éliminer les mécanismes dont le mauvais fonctionnement pourrait entraîner l'explosion prématurée de la charge de poudre et compromettre la sécurité de l'artilleur.

La *sécurité* de l'artilleur chargé de la manœuvre d'une pièce résulte tout d'abord de la réalisation des deux qualités primordiales que nous venons de signaler, solidité et simplicité du mécanisme ; cette sécurité varie encore suivant le dispositif adopté par le constructeur pour opérer la charge ou la décharge de la pièce. L'extraction des cartouches ratées et l'enlèvement de l'amorce peuvent donner naissance à de regrettables accidents.

Il semble, au point de vue de la sécurité, que les

canons à mortiers présentent pour les artilleurs novices
de réelles garanties. Avec le mortier le seul danger est
celui qui résulte de la manipulation de la poudre pendant son transport du bidon réservoir au mortier. On
diminuera ce danger en préparant à l'avance les charges
distribuées dans de petits sacs en papier fort, de manière à les mettre à l'abri d'une étincelle projetée par le
feu de la pièce. La capsule ne devra être mise qu'après
l'installation définitive du mortier dans le logement
du canon destiné à le recevoir.

On a reproché aux mortiers soumis à un service
trop actif de déterminer parfois l'inflammation de la
poudre au moment où l'artilleur la verse dans la cheminée du mortier. On évitera en partie les accidents
provenant de ce fait en opérant la charge du mortier
en deux temps, c'est-à-dire en faisant précéder l'introduction de la charge principale par celle d'une faible
charge d'essai, 3 à 4 grammes de poudre fine. Si au
bout d'une minute la charge d'essai ne s'est pas en-
flammée on ajoutera la charge totale, et l'artilleur se
trouvera ainsi à l'abri des accidents qui peuvent être
provoqués par une explosion survenue avant que le
mortier ait été mis en place.

Avec les mortiers à cartouche il y a un danger de
plus, c'est la manipulation d'une cartouche chargée et
amorcée. Le frottement de l'amorce contre un grain de
sable malencontreux peut déterminer l'explosion de la
charge avant que le mortier soit logé dans la chambre
du canon. Lorsqu'une cartouche rate, il ne faut jamais
enlever l'amorce avant d'avoir enlevé préalablement
la poudre que la douille contient. Un autre danger des
cartouches est leur chargement; le bourrage de la
poudre au-dessus de l'amorce déjà fixée au centre de
la douille peut déterminer une explosion; il ne faut
jamais bourrer la cartouche en l'appuyant sur un plan

de métal; il faut opérer sur un plan en bois présentant
un logement pour le culot de la douille avec un évide-
ment au centre de ce logement pour que la capsule ne
porte pas sur le plan pendant le bourrage. Le bourrage
lui-même ne devra jamais être opéré à coups de
maillet, mais être obtenu par une pression modérée.
Si la portée du projectile perd un peu en puissance par
un bourrage trop faible; l'opération gagne beaucoup
en sécurité.

Une précaution fort utile pour éviter les accidents
résultant du chargement des cartouches consiste à les

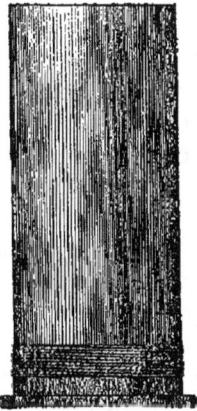

Fig. 43. — Douille en carton   Fig. 44. — Douille en carton
à culot de bois.   à culot de fer démontable.

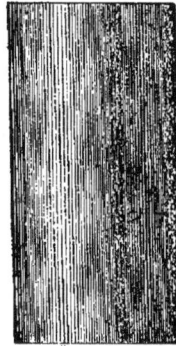

faire préparer à l'avance par des mains expérimentées
et à les distribuer aux artilleurs en quantité suffisante
pour la durée d'un orage. Pour permettre aux asso-

ciations de tir de réaliser une économie dans l'acquisition des douilles immobilisées par le tir. M. Zanelli Rocco a réalisé des douilles à culot de bois ou à culot de fer démontable pouvant se séparer du carton fort qui contient la poudre. Le carton est mis hors d'usage après chaque tir, mais le culot ressert indéfiniment, s'il est en fer, pour le chargement de nouvelles cartouches.

Dans le même but on a également proposé pour le chargement des mortiers cylindriques des douilles en papier fort contenant une charge de poudre. Ces douilles fabriquées par M. Martinotti sont fermées à leur partie inférieure par une gaze à maille assez large pour permettre l'inflammation par l'amorce de la cartouche ; le papier est rendu combustible par une préparation à l'azotate de potasse, et il suffit pour charger le mortier ou la cartouche d'introduire la charge de poudre sans la déplier.

Une modification fort intéressante au point de vue de la sécurité a été tout récemment apportée au canon Zancanaro construit par l'usine Olian et Fannio, de Padoue. La cartouche ne porte pas d'amorce, mais la poudre qu'elle contient est en relation avec un canal traversant le bloc d'acier sur lequel repose le culot de la douille. Le bloc de fermeture de la culasse est foré d'un canal perpendiculaire à l'orifice communiquant avec la base de la cartouche. Dans ce canal on introduit une tige cylindrique portant l'amorce qui, frappée par un percuteur agissant en dessous, détermine l'explosion de la charge. Si le coup rate on retire la tige, on extrait l'amorce et on la remplace sans qu'il soit besoin de sortir la cartouche de son logement et de manœuvrer la culasse.

On ne saurait, quel que soit le modèle de canon adopté, recommander àux artilleurs trop de prudence dans le chargement de leurs pièces.

Et comme la crainte d'un accident est en cette matière le commencement de la sagesse, nous reproduisons ici la chronique des accidents de tir survenus pendant la deuxième quinzaine de juin en Italie d'après la revue si bien documentée de Mgr Scotton : l'*agriculture et sa défense contre la grêle.*

« Le 6 juin à Trezzolano, un nommé Oliboni chargeait une cartouche quand celle-ci fit explosion ; blessure légère à la main et blessure plus grave à la tête. S'il n'y a pas de complication, Oliboni en aura pour un mois avant d'être guéri.

« A Castagnaro, un artilleur du nom de Roni préparait une cartouche, quand celle-ci fit explosion, on ne sait comment, et lui abîma la main qui a dû être amputée. Le même jour, un autre artilleur voyant que le feu allait atteindre une cartouche n'a eu que le temps de s'enfuir ; toutes les cartouches ont fait explosion et la culasse a été détruite. On parle d'un autre accident dans le village voisin.

« A S. Eusebio di Angarano, le 10 juin, vers 6 heures du soir, Roncato en bourrant une cartouche a provoqué son explosion qui s'est communiquée à une provision de 3 kilogrammes de poudre contenus dans une caisse ouverte. Il s'est brûlé le pied, le bras et les yeux.

« A Lissago, près Varèse, une étincelle lancée par le tir a mis le feu à la caisse de poudre et aux cartouches chargées qui se trouvaient dans la baraque de bois servant d'abri. Il en résulta une violente explosion, la cabane vola en morceaux laissant le seul canon intact. Au bruit de l'explosion les cultivateurs voisins accoururent et ne trouvèrent personne sur l'emplacement de la baraque, mais rencontrèrent à 100 mètres de là les deux artilleurs évanouis, à moitié nus et avec leurs habits en lambeaux. L'un d'eux, Borri, le plus

gravement blessé, fut transporté à l'hôpital de Varèse ;
les médecins n'ont pas voulu se prononcer sur la gravité de son état.

« A Altavilla, le 18 juin, le nommé Soardi en faisant
les tirs pendant un orage a mis, on ne sait par quelle
imprudence, le feu à la poudre en réserve. Enveloppé
de flammes il a été affreusement brûlé à la face et au
bras. Transporté à l'hôpital de Vicence, il en aura pour
60 jours de traitement. »

Et le chroniqueur ajoute : Présidents de syndicats,
ne donnez jamais la poudre en caisse ouverte à vos
artilleurs, mais remettez-la par doses de 60 grammes
contenues dans des sacs en papier.

Il semble, en effet, qu'une précaution urgente soit
de remettre aux artilleurs les cartouches toutes faites
par une personne expérimentée, en les disposant par
séries isolées dans des boîtes en bois fermées, de manière à les mettre à l'abri des étincelles.

Les nombreux accidents que nous venons de rapporter sont parfois provoqués par l'imprudence des
artilleurs, mais souvent aussi par un défaut d'instruction technique pour le chargement des cartouches ou
la manœuvre des appareils. On ne saurait assez rappeler aux organisateurs des associations de tir qu'ils
sont dans une certaine mesure responsables des accidents qui auraient pu être évités par un meilleur choix
du matériel de tir ou par une instruction plus complète
des personnes chargées de la manœuvre des pièces.
Les garanties de l'assurance de l'artilleur sont illusoires ; on assure une somme d'argent ; on n'assure pas
une vie humaine.

Pour éviter une partie des accidents résultant d'une
construction défectueuse du matériel, il serait désirable que l'État acceptât d'organiser le contrôle du
nouveau matériel d'artillerie confié aux agriculteurs.

De même que toute locomobile employée par l'industrie agricole est essayée à une pression supérieure à sa pression de marche normale et reçoit le poinçon constatant cette formalité, de même les mortiers des nouveaux canons devraient être livrés avec la marque officielle d'un essai obtenu avec une charge double ou triple de la charge normale. Il y a là une œuvre de sécurité générale sur l'utilité de laquelle on ne saurait trop appeler l'attention des pouvoirs publics si la méthode de défense contre la grêle par le tir des canons vient à se développer en France comme elle l'a fait en Italie.

LES ACCESSOIRES DU TIR

La cabane-abri. — L'artilleur et ses munitions doivent être protégés contre la violence du vent et contre la pluie pendant l'évolution des orages qu'ils auront à combattre. Il est donc nécessaire de placer à côté de chaque canon une cabane-abri.

La figure 45 montre la disposition de la cabane adoptée par l'association de Denicé (cabane Vermorel). Le toit de la cabane est prolongé par un auvent qui peut s'étendr jusqu'au canon, de manière à protéger la partie inférieure de la trombe et une partie du mécanisme de charge contre la chute directe de la pluie. En laissant la porte de la cabane ouverte on peut réaliser un abri latéral pour l'artilleur, mais il y a une certaine imprudence à opérer ainsi pendant le tir, car une étincelle peut pénétrer à l'intérieur de la cabane et mettre le feu aux poudres. Il est préférable de tenir la porte fermée pendant chaque tir et de constituer un abri latéral permettant à l'artilleur d'opérer sans être incommodé par le vent et par la pluie.

La figure 46 montre la disposition adoptée à Gru-

mello del Monte pour la cabane abri; le toit à deux
pentes se prolonge au delà du canon qui est ainsi protégé à sa partie inférieure par un petit appentis.

La figure 47 représente une cabane abri dans un
vignoble de Vicence. La protection latérale y est
réalisée à peu de frais par une cloison grossière recouverte de sacs de toile hors d'usage.

Fig. 45. — Cabane-abri de l'Association
de tirs de Denicé.

Lorsque la cabane abri ne présente qu'un seul compartiment, on dispose dans l'angle de la pièce le plus éloigné du canon un banc sur lequel est déposé le nécessaire du tir. Ce nécessaire comprend les accessoires nécessaires à la charge et à la manœuvre de la pièce, bourroir, douilles
de métal ou mortiers de rechange, chasse-capsule,
bourrons pour la poudre, écouvillon pour nettoyer le
mortier, etc. Sur le même banc est déposée une boîte
à compartiments contenant les petits sacs où les
charges de poudre ont été enfermées à l'avance.

Cette boîte doit fermer hermétiquement et doit être
refermée chaque fois qu'on prend une charge pour
alimenter la pièce. Nous signalerons à ce sujet une
innovation heureuse du syndicat de tir de Breganze.

Les artilleurs reçoivent à l'avance le nombre de charges nécessaires pour l'exécution des tirs. Chaque charge est contenue dans une petite douille en papier souple fermée à sa partie supérieure par un carton et à sa partie inférieure par une gaze à mailles assez larges pour que l'explosion de la capsule puisse enflammer la poudre à l'intérieur du sachet, lorsque celui-ci est introduit directement et bourré au fond du mortier ou au fond de la cartouche.

Ces douilles en papier imaginées par l'ingénieur Martinotti sont imprégnées d'une solution à 20 pour 100 de nitrate de potasse et l'enveloppe subit ainsi une combustion complète.

Pour les mortiers, dont l'orifice est étroit, on a conservé en Italie l'habitude de les charger avec une mesurette permettant de puiser la poudre dans un bidon à poudre. Cette pratique n'est pas sans danger, une étincelle

Fig. 46. — Cabane-abri à Grumello del Monte.

pouvant amener l'explosion de la réserve de poudre. Il est préférable de disposer les charges dosées dans de petits sacs en toile comme à Denicé ou peut-être mieux dans des sacs en papier fort rendus incombustibles et imperméables par une préparation spéciale.

. Les nombreux accidents survenus en Italie au cours de ces deux dernières années ont engagé plusieurs viticulteurs à installer des cabanes présentant un aménagement spécial en vue de la sécurité de l'artilleur.

La cabane-abri de M. Karl Greinitz, de Gratz (Styrie),
répond à ce desiderata. Elle est formée de deux compartiments isolés, l'un sert d'abri au canon, l'autre à
l'artilleur (fig. 48). Une petite fenêtre à volet pratiquée
dans la cloison de refend permet à l'artilleur de charger
le mortier, de le mettre en place et d'allumer la mèche.
Il ferme alors le volet et attend que l'explosion se pro-
duise pour l'ouvrir. Si le canon fonctionne avec un
percuteur, une ficelle attachée au levier traverse la
cloison et est ma-
nœuvrée du com-
partiment voisin
après fermeture du
volet. Cette dispo-
sition met non seu-
lement l'artilleur à
l'abri d'une explo-
sion provoquée par
le jaillissement
d'une étincelle
échappée au mor-
tier. Mais encore
en cas d'explosion
du mortier la paroi
en planches fortes
peut procurer à
l'artilleur un abri
suffisant.

Fig. 47. — Cabane-abri à Vicence.

De toutes les installations de ce genre que nous
avons eu l'occasion d'examiner en Italie, celle qui
nous a paru la mieux étudiée au point de vue de la
sécurité de l'artilleur est certainement la cabane-abri
établie à Saint-Georges, près Casale, sur les plans de
M. Aliora, avocat à Turin, et propriétaire d'un important vignoble à Saint-Georges. Cette cabane construite

en briques de béton avec couverture en tuiles présente
deux avant-corps embrassant l'emplacement du canon.
Une ouverture à volet est pratiquée en S au niveau

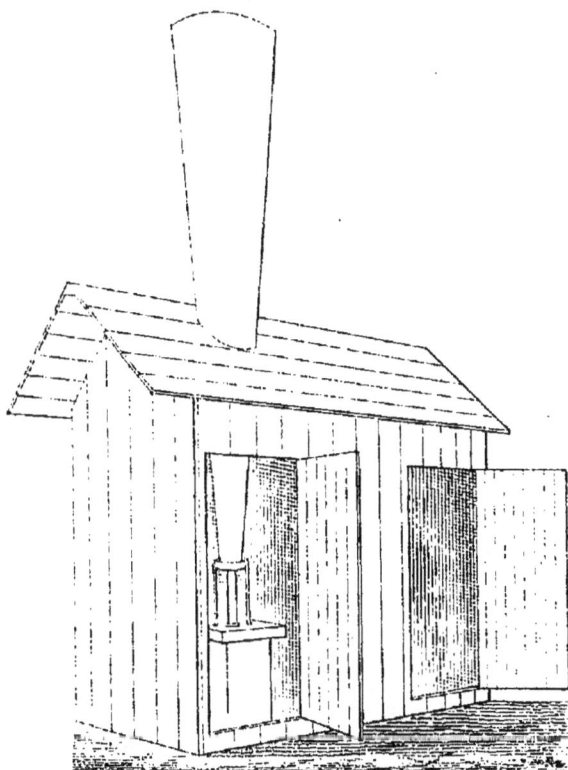

Fɪɢ. 48. — Cabane-abri à deux compartiments.

du mortier du canon (canon Bazzi) ; une fois le mortier mis en place l'artilleur ferme le volet et vient
se poster en R du côté opposé. En ce point une
petite ouverture pratiquée dans la paroi en ma-

HOUDAILLE. — Les orages à grêle.   10

çonnerie laisse passer le cordon de manœuvre du
levier permettant de provoquer l'explosion de la
charge. Pour éviter toute projection d'étincelle à
l'intérieur de la cabane une planche verticale est
dressée en Y à proximité du volet pour parer au
danger d'une fermeture imparfaite. La poudre en réserve est déposée dans un puits en ciment P à l'intérieur de la cabane. L'ouverture de ce puits est fermée
à clef par une trappe en fer. On accède dans la cabane
par la porte M.

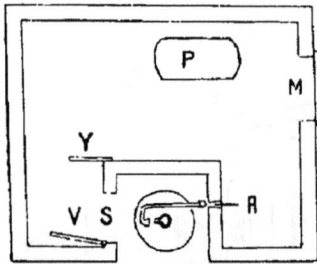

Fig 49. — Cabane abri Aliora
(plan).

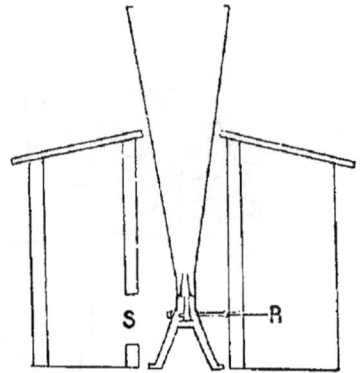

Fig. 50. — Cabane abri Aliora
(élévation).

Des installations plus modestes réalisées sur le même
vignoble présentent à peu près les mêmes garanties
pour la sécurité de l'artilleur qui est toujours abrité
contre les dangers d'explosion du mortier par un mur
en maçonnerie ou en planches épaisses. Les accidents
ont été assez nombreux en Italie pour que ces précautions qui paraissent au premier abord superflues
puissent être utilement recommandées pour les nouvelles installations.

LA POUDRE

La poudre dont on a fait le plus usage jusqu'à ce jour est la poudre de mine ou la poudre de guerre dite de démolition. On a employé également en Italie de la poudre de guerre avariée ou en tous cas fort ancienne. La force explosive de la poudre employée est par suite sujette à de grandes variations suivant son origine et l'on s'est efforcé en Italie de rechercher tout d'abord l'équivalent de la poudre de mine en poudre du gouvernement. Il résulte de comparaisons effectuées sur les pressions développées par ces deux genres de poudre que pour obtenir une pression de 1 200 atmosphères environ dans une pièce de 7 centimètres il faut 580 grammes de poudre du gouvernement ou 900 grammes de poudre de mine. A une charge de 100 grammes de poudre de mine correspond une charge de 64 grammes de poudre du gouvernement.

Il suit de là que si l'on conseille de ne pas descendre au-dessous de 80 grammes de poudre de mine il ne faut pas abaisser la charge au-dessous de 52 grammes pour la poudre du gouvernement.

Mais, comme cette dernière poudre à égalité de pression développée est plus brisante que la poudre de mine, plusieurs constructeurs ont vivement engagé les propriétaires de canons à employer moins de 52 grammes de poudre du gouvernement et à ne pas dépasser la charge de 35 grammes. Vers le mois de juin de cette dernière année la fabrique d'armes de Brescia, les constructeurs des canons Garolla, Magliano, Glisenti recommandaient instamment de ne pas dépasser cette dose au delà de laquelle ils ne répondaient pas de la résistance de leur matériel.

La charge ainsi réduite à 35 grammes paraît inefficace et quelques insuccès de tirs ont été constatés qui correspondaient précisément à l'emploi de ces charges trop faibles. L'insuccès d'Asolo (Vénétie) dont il a été déjà parlé paraît n'avoir pas d'autre cause.

Il semble que la charge en poudre du gouvernement doive rester comprise entre 50 et 60 grammes pour que le tir conserve son efficacité. Il semble également qu'il y ait intérêt au point de vue de la sécurité à se servir de poudres moins brisantes tout en en augmentant la dose. On pourrait notamment comme l'a indiqué la commission des tirs de l'Association d'Arzignano avoir recours à la poudre du gouvernement en supprimant les dernières opérations de la granulation et du lissage. La poudre conserverait ainsi son efficacité, serait un peu moins brisante et son prix de revient serait plus faible. Le décret du gouvernement italien, en date du 24 juillet 1900, exonère de taxe de fabrication la poudre de guerre modelée à cylindre et la poudre en grains de dimension telle que ceux-ci ne puissent traverser un tamis de contrôle dont la maille est de 3 millimètres. Cette législation fixant le diamètre des grains à un minimum crée une réelle difficulté pour l'allumage des mortiers à cheminée latérale pourvue d'une amorce. Il serait préférable pour ces derniers d'employer de la poudre à grain plus fin. Pour tourner la difficulté on devra garnir la cheminée avec de la poudre plus fine ou se servir d'amorces plus puissantes.

On a discuté beaucoup sur l'utilité du bourrage de la poudre dans les mortiers ou dans les cartouches. Quelques artilleurs bourrent à coup de maillet. C'est là une pratique toujours dangereuse qui doit être absolument proscrite lorsque la poudre est versée dans une cartouche ou dans un mortier déjà pourvu de son amorce. Le bourrage semble devoir favoriser la combustion complète de la poudre qui peut être projetée en partie en dehors du mortier avant d'avoir explosé entièrement. Mais un bourrage modéré semble être suffisant de même que pour les cartouches de nos fusils de chasse.

Le bourrage est d'autant moins utile que la poudre est plus fine. Avec la poudre de mine à gros grains il paraît nécessaire mais il peut être réduit beaucoup en employant de la poudre de mine préalablement écrasée. La poudre de mine réduite en poussière fine possède une force parfois supérieure à la poudre de guerre du gouvernement italien ; elle peut même devenir dans ces conditions trop brisante pour les mortiers. De plus à l'état de poussière trop fine elle présente des dangers d'inflammation qui ne permettent guère de conseiller son emploi sous cette forme pour la pratique des tirs. La fabrique d'armes de Brescia a récemment créé un type de poudre fine d'une assez grande puissance explosive qui est livrée en petits cylindres correspondant à la charge du mortier ou de la cartouche (Carboncini). L'emploi de ces cylindres où la poudre est enfermée dans un revêtement spécial qui supprime le danger des poussières formées par les poudres non granulées ne se prête pas très bien malheureusement à la charge des mortiers cylindroconiques.

Plusieurs constructeurs ont donné à leurs mortiers une certaine conicité pour que l'explosion détermine elle-même une compression favorable à une meilleure combustion. Cet artifice est notamment employé dans le mortier Bazzi (ancien modèle) dont l'ouverture est beaucoup plus étroite que le diamètre intérieur au point où est logée la charge. Dans le cas de douilles cylindriques on peut également déterminer le

même phénomène de compression en rendant conique la cheminée d'échappement des gaz; mais il ne
semble pas que dans ce cas le résultat soit avantageux
pour la formation et l'énergie du projectile gazeux.

On a également proposé de favoriser la combustion
complète de la poudre en créant à l'intérieur de la
charge une canalisation permettant l'allumage simultané de toute la poudre. M. Garolla a appliqué ce dispositif à la charge de son canon (type Vittoria). Une
aiguille conique traverse la poudre en la tassant et laisse
un canal en relation avec l'amorce.

La nature des poudres a une grande influence sur
la formation du projectile gazeux et sur la durée du
sifflement de l'explosion. De nombreux essais ont été
faits à Saint-Katharein, près Gratz, par M. Suschnig
pour rechercher le meilleur type de poudre et la charge
la plus efficace. Si la poudre de mine à grain moyen
convient assez bien pour les mortiers à canal cylindroconique, la poudre de guerre à grain plus fin paraît
préférable pour les mortiers courts cylindriques. Le
choix de la poudre est lié à la nature de l'arme qui doit
l'employer; il est également dicté par certaines considérations de sécurité. A ce point de vue les poudres
à grain moyen craignent moins de s'enflammer à distance par la projection d'une étincelle que les poudres
non granulées (pulvérin). La poudre de mine réduite
en fine poussière par trituration s'est montrée assez
avantageuse pour le service des canons grandinifuges
à la condition de l'employer pliée dans de petits sacs
en papier correspondant à la valeur de la charge adoptée
de manière à éviter les dangers de plus facile inflammation qu'elle présente sous cette forme.

L'examen de la puissance comparée d'une poudre
peut se faire assez facilement à l'aide d'un petit pendule balistique. M. le Pr Marconi a disposé pour cet

essai un appareil très simple dans lequel la déviation
du pendule est inscrite par le tracé d'un crayon solidaire du pendule. L'examen porte sur 2 grammes de
la poudre enfermés dans un canon de pistolet dont la
bouche est à quelques décimètres d'un disque solidaire
du pendule. On fait varier la charge jusqu'à ce qu'on
ait obtenu une égale déviation.

L'emploi de la poudre à la dose de 100 grammes par
coup de canon représen-
terait une dépense assez
élevée s'il fallait la payer
au prix de la poudre de
chasse, soit 12 francs le
kilogramme. Aussi les
initiateurs des tirs en
Italie et en France ont-ils
tout d'abord demandé au
gouvernement la conces-
sion de la poudre à tarif
réduit.

En Italie le gouverne-
ment a tout d'abord con-
cédé aux viticulteurs en
1900 300 barils de poudre
de guerre de bonne qua-
lité en la comptant au
prix de revient. Le décret

Fig. 51. — Pendule balistique
pour l'essai des poudres.

du 24 juillet 1900 a ultérieurement concédé l'exemption
de la taxe de fabrication à la poudre destinée aux tirs
contre la grêle. Ce même décret définissait la grosseur
du grain de la poudre ainsi concédée en franchise de
droit afin d'empêcher que celle-ci puisse être employée
à un autre usage et notamment à la charge des armes
de chasse.

Pour estimer le prix de la poudre qui pourra dans

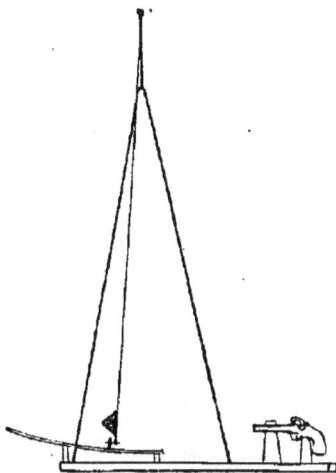

ces conditions être concédée aux artilleurs agricoles,
il suffit de remarquer que 100 kilogrammes de
poudre de guerre sont obtenus par le mélange de 75
kilogrammes de nitrate de potasse, 15 kilogrammes
de carbone et 10 kilogrammes de soufre. La matière
première correspond à 30 francs environ. Si l'on y
ajoute 15 à 20 francs de frais de fabrication par 100
kilogrammes il ne semble pas que l'on puisse obtenir de
la poudre à moins de 0 fr. 45, à 0 fr. 50 le kilogramme.

Fig. 52. — Une poudrière agricole.

En France le
gouvernement a
mis en 1900 à la
disposition des
premières asso-
ciations de tirs
et notamment
de l'association
de Denicé 300
kilogrammes de
poudre de guer-
re dite de démo-
lition au prix de
0 fr. 30 le kilo-
gramme. La
poudre de mine
coûte 1 fr. 50 à
1 fr. 75 le kilo-
gramme chez les dépositaires; elle revient à 1 fr. 25
prise à la poudrière. Mais pour l'employer il faut une
autorisation du maire de la commune accompagnée
d'un certificat constatant l'emploi auquel la poudre est
destinée. Toutes les poudres au delà de 100 kilogrammes ne peuvent circuler qu'avec une escorte mili-
taire.

La difficulté de se procurer de la poudre à un moment donné en quantité suffisante à cause de l'éloignement des poudrières qui desservent une région engage les associations de tir à constituer à proximité des périmètres défendus des dépôts de poudre. Plusieurs syndicats de tir en Italie ont organisé des poudrières contenant plusieurs centaines de kilogrammes de poudre. La figure 52 représente la poudrière d'une association de tirs de la province de Bergame près de Grumello del Monte. La poudrière est surmontée d'un paratonnerre ; elle est entourée d'un mur en planches de 2 mètres de hauteur distant lui-même de 2 mètres environ de la poudrière. Le gardien de la poudrière a seul la clef de la porte de cette enceinte aussi bien que celle de la porte de la poudrière ; il ne doit pas s'en dessaisir sous aucun prétexte et lorsqu'un groupe envoie chercher de la poudre le gardien pénètre seul dans l'enceinte, pendant que le délégué du groupe attend au dehors. On ne saurait jamais prendre trop de précautions dans le maniement d'une substance aussi dangereuse confiée à des personnes peu expérimentées dans sa manipulation et ne soupçonnant pas souvent les dangers qu'elles peuvent provoquer par une imprudence.

CHAPITRE IV

ORGANISATION DES STATIONS DE TIR

ORGANISATION DU RÉSEAU DES STATIONS DE TIR

Dans l'organisation des premiers réseaux de stations de tir créés en Italie, on a eu tout d'abord une tendance à exagérer les distances des stations. M. le Pr Roberto indiquait en 1899 une répartition de 72 stations pour couvrir un carré de 12 kilomètres de côté, soit 14 400 hectares. Une station aurait protégé 200 hectares. Quelques insuccès dans la défense survenus en Lombardie et dans le Piémont ne tardèrent pas à faire réduire considérablement le rayon de protection d'un canon. On se mit généralement d'accord pour ne pas dépasser 500 mètres dans l'écartement des canons. Un canon couvre ainsi 25 hectares.

Dans la plupart des stations de tir italiennes l'écartement actuel varie en réalité de 500 à 800 mètres. Après la campagne de 1899 le rapporteur de l'Association de tirs de Conegliano estimait que la distance des canons ne devait en aucun cas excéder 800 mètres, et qu'il y avait lieu de plus, en complétant sur ce pied le réseau des stations, de pourvoir les nouvelles stations de canons plus puissants, afin de lutter contre les violents orages.

On peut en fait adopter deux modes de distribution
différents dans la répartition des stations. Le premier
mode pourrait être dénommé géométrique, le second
topographique.

Dans la distribution du premier genre les canons
sont répartis à intervalles réguliers disposés en carré
ou en quinconce. L'écartement de tous les canons est
le même, 500 à 600 mètres pour la distribution en

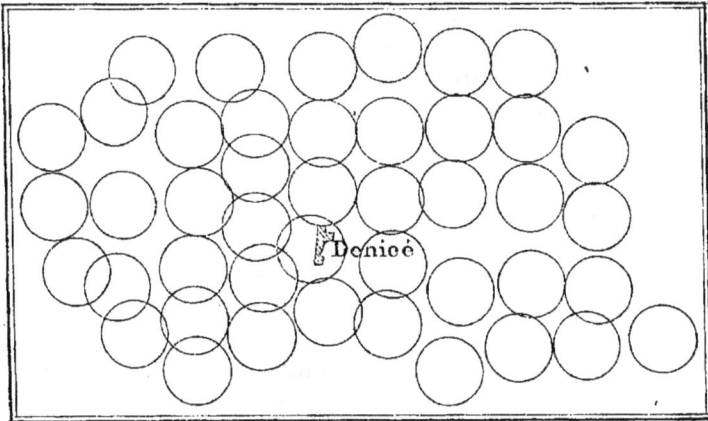

Fig. 53. — Disposition des canons sur le vignoble de Denicé
(Saône-et-Loire).

carré, 600 à 700 mètres pour la distribution en quinconce. Ce mode régulier de répartition a l'avantage de
supprimer toute discussion relative à l'emplacement
des canons sur les parcelles des syndiqués. Une fois
que l'on a établi l'emplacement de la première ligne
de canons la place de tous les autres se trouve par
cela même déterminée géométriquement. S'il y a une

impossibilité physique pour l'emplacement d'un canon, chemin, mur, fossé, etc., on le déplace de quelques mètres et tout est dit. L'installation de Denicé répond à peu près à ce premier type de distribution (Voir fig. 53).

Le second genre de répartition est lié à la topographie de la région. Lorsqu'on a observé le cheminement habituel des orages à grêle sur une région, il y a intérêt à renforcer la défense dans la direction par laquelle pénètre l'orage sur le territoire défendu. Dans plusieurs associations italiennes nous avons relevé la disposition suivante : La première ligne de canons est disposée sur les hauteurs qui dominent le vignoble à 400 ou 500 mètres en avant du vignoble. Les canons sont disposés sur cette première ligne à 500 mètres d'intervalle. Une seconde ligne est établie parallèlement à la première rangée de canons. Mais à 700 ou 800 mètres d'intervalle, les canons sont toujours écartés de 500 mètres sur la ligne ; les autres lignes de défense affectent la même disposition à l'intérieur du vignoble.

Enfin d'autres réseaux affectent une distribution beaucoup plus irrégulière due tantôt à ce que la défense a été renforcée de préférence en face de certaines directions, col ou vallées transversales à la direction générale du coteau sur lequel le vignoble est étagé. Quelquefois aussi la discontinuité du vignoble oblige à altérer la régularité de la distribution des stations ; là où manquent les vignes les canons deviennent plus rares.

Le réseau de Saint-Gengoux et Burnand (Saône-et-Loire) (fig. 54) est plus spécialement établi en conformité avec le relief du sol et l'orientation des trajectoires habituelles des orages à grêle.

Enfin le réseau de Conegliano (Vénétie) (fig. 55)

présente une irrégularité assez manifeste en relation
avec le relief du sol et la distribution topographique
du vignoble.

Quelques réseaux ont été établis, notamment en
Styrie, avec des canons de plus grande puissance :
pavillon de 4 mètres, charge de 150 à 200 grammes.
La distance des canons paraît dans ce cas pouvoir être

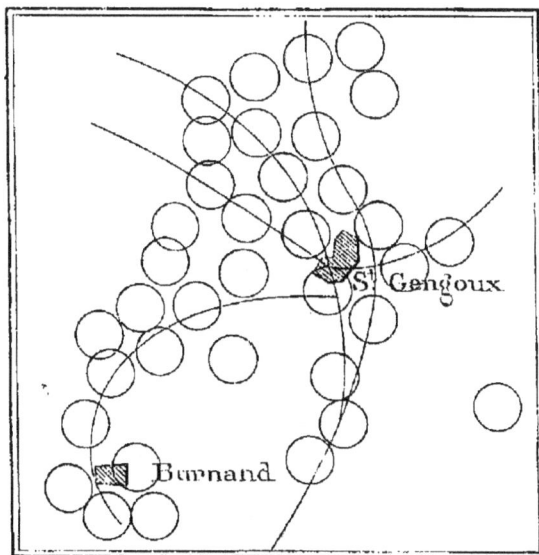

Fig. 54. — Réseau des stations de tir de Saint-Gengoux
avec indication des principales trajectoires d'orages.

portée à 800 et 900 mètres. Un canon arrive ainsi à
couvrir 60 à 80 hectares au lieu de 25 à 40 hectares
couverts par les canons du type ordinaire, pavillon de
2 mètres et charge variant de 50 à 80 grammes.

Il ne semble pas qu'il y ait un bien réel avantage
à substituer aux canons normaux des canons géants ;

peut-être pourrait-on utilement adopter une solution
mixte en distribuant les canons régulièrement dans le
vignoble, mais en constituant la première ligne du
côté où arrive d'ordinaire l'orage par des canons à
forte charge. Par mesure de prudence les conclusions
adoptées par le congrès de Padoue recommandent

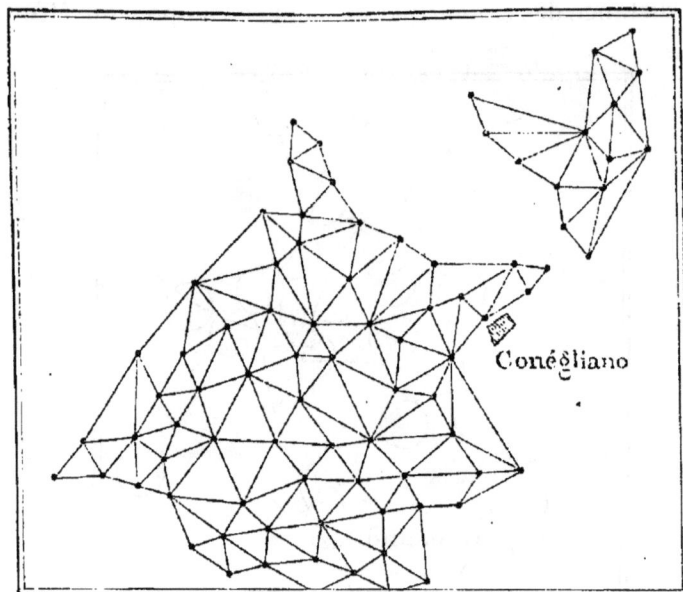

Fig. 55. — Réseau des stations de tir de l'Association de Conegliano.

l'installation d'une ligne continue de grands canons
tout autour de la zone protégée. Les orages à grêle
arrivent parfois du côté où on les attend le moins.

Si l'on s'en rapporte à la carte ci-jointe (fig. 56),
représentant d'après Fournet la trajectoire des orages
à grêle sur le Lyonnais et le Beaujolais, c'est à l'Ouest

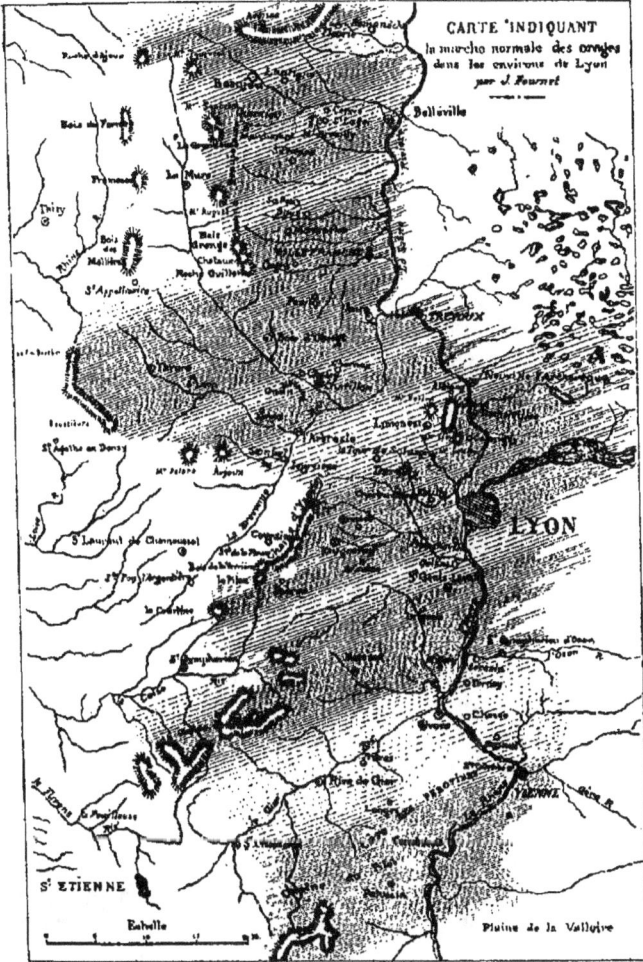

Fig. 56. — Orientation des rayons de grêle (Beaujolais et Lyonnais)
d'après J. Fournet.

que la défense du réseau devrait être renforcée dans cette région. Si l'on admet de plus que les principaux sommets montagneux situés à l'Ouest soient l'origine des rayons de grêle, c'est en face de ces points de départs présumés que devraient être de préférence disposés les canons de plus gros calibre.

FRAIS D'INSTALLATION D'UN RÉSEAU DE STATIONS DE TIR

Les frais d'installation d'une station varient de 160 à 250 francs suivant la valeur et la puissance du matériel adopté. La plus grosse dépense est celle du canon : 100 à 180 francs puis celle de la cabane : 30 à 50 francs. Les accessoires du tir peuvent être évalués de 20 à 40 francs suivant la nature des canons. Le prix de ces accessoires est très réduit avec les canons à mortier, plus élevé avec les canons à cartouche si l'on désire avoir en réserve une série de cartouches métalliques toutes prêtes.

A ces dépenses d'installation s'ajoutent les frais de poudre, 40 à 70 francs ; les frais d'assurance de l'artilleur, 10 à 15 francs ; les frais d'entretien du matériel, 10 à 20 francs.

Il est assez difficile d'évaluer la durée du matériel ; il serait peut-être exagéré dans beaucoup de cas de lui assigner une durée supérieure à 8 ou 10 ans. Dans les régions où les tirs sont fréquents, l'usure des canons est assez rapide ; le syndicat de Conegliano a prévu un amortissement de 25 pour 100 pour le matériel de tir qui ne paraît pas devoir résister plus de 4 à 5 ans au service actif que l'on exige de lui.

Voici d'après le rapport du Bureau de l'Association de tirs de Conegliano le chiffre des dépenses occasionnées en 1899 par les 87 stations du syndicat.

Dépense totale d'installation des 87 stations.   13 824^{fr} »
　　　Soit par station. 158 90
Dépense totale d'exercice pour les 87 stations
　en 1899. . . . .   7747 35
　　　Soit par station. 89 05

La distance des stations variait en 1899 de 800 à
1 200 mètres pour le réseau des 87 stations de Conegliano. L'ensemble du réseau correspondait par suite
à 9 000 hectares. Les frais d'installation ressortent
ainsi à 1 fr. 53 par hectare. Les frais d'exercice ressortent à 0 fr. 86 par hectare. Soit pour la protection
d'un hectare : 2 fr. 39.

Si l'on retranche à ce dernier chiffre les 3/4 des
frais d'installation qui sont à amortir sur 4 années,
soit 1 fr. 14, et que d'autre part on ajoute aux frais
d'exercice la valeur de l'amortissement du matériel
calculé sur le pied de 25 pour 100, soit 0 fr. 38, on
obtient 1 fr. 63 pour les frais de défense annuelle d'un
hectare de vigne.

Mais si au lieu de compter 87 stations pour 9 000 hectares, soit une station pour 100 hectares environ, on
réduit la distance des canons à 500 mètres, soit un
canon pour 25 hectares ; le prix de la défense d'un
hectare ressort à $1,63 \times 4 = 6$ fr. 52.

Comme d'autre part avec des stations plus rappro-
chées, le nombre de coups tirés par station décroît
sensiblement en même temps que la durée du matériel
est prolongée, on peut fixer entre 4 et 5 francs les frais
de protection d'un hectare de vigne. Pour une production de 50 hectolitres à 20 francs, c'est seulement 4 à
5 pour 1 000 du produit assuré, au lieu des 14 à 18
pour 100 de prime annuelle demandés dans la même
région par les compagnies d'assurances italiennes.

L'estimation des frais d'installation et d'exercice
faite en France par M. Chatillon, président du Syndi-

cat agricole de Villefranche, conduit pour les stations
de Denicé à un résultat assez semblable.

Voici le compte précisionnel des dépenses d'installation établi par M. Chatillon :

Un canon (modèle Vermorel). . . . . 120^{fr}
20 douilles de métal à 2 francs l'une..   40
Une boîte avec tous les accessoires du tir, bourroir,
    chasse-capsule, etc.   10
Une cabane.   50
Pose et transport..   10

            TOTAL pour l'installation.. . . . . 230^{fr}

D'autre part, le compte prévisionnel des dépenses
pour l'exercice, sont :

Poudre de mine.. . . . . 48^{fr}
Capsules, bourres, entretien.   12
Assurance de l'artilleur.   12

            TOTAL des frais d'exercice.. . . . . 72^{fr}

Si l'on répartit, à cause de la moindre fréquence des
orages, les frais d'installation sur 8 années au lieu de
les amortir sur 4 ans comme en Italie, on obtient une
dépense annuelle de 30 francs environ pour la part de
frais d'installation afférente à chaque année. En y
ajoutant les 70 francs de frais d'exercice, on peut fixer
à 100 francs la protection annuelle de 25 hectares, soit
4 francs par hectare et par an [1].

ASSURANCE DES ARTILLEURS

Comme nous l'avons précédemment indiqué, la gravité des accidents qui peuvent survenir en cas d'ins-

___

1. Dans l'estimation des frais d'exercice, on n'a pas compté
le salaire de l'artilleur qui est très variable avec la fréquence
des orages et le mode d'exploitation du viguoble.

truction défectueuse des artilleurs ou de l'imperfection du matériel de tir ne permet pas de considérer l'assurance comme une garantie suffisante permettant de dégager la responsabilité morale des organisateurs des associations de tir. Mais quand toutes les précautions nécessaires visant le choix des canons et leur manœuvre auront été prises, les Associations de tir feront sagement d'assurer les ouvriers chargés de la manœuvre des pièces d'artillerie.

Les risques à prévoir sont, d'une part, 1° les *risques matériels* : explosion et incendie des bâtiments où les poudres sont conservées. Les compagnies d'assurance ne garantissent pas contre les risques d'incendie lorsque l'assuré est détenteur de plus de 25 kilogrammes de poudre.

2° Les *risques d'accidents*. Les accidents provoqués par les tirs, bien que survenus au cours d'une opération agricole (défense d'un vignoble contre la grêle), tombent sous le coup de la loi du 9 août 1898, loi sur les accidents du travail. Une circulaire du 21 août 1899 a précisé cette interprétation.

En Italie les compagnies d'assurance ont consenti des primes à des taux très modérés pour les canons présentant de sérieuses garanties de solidité et de sécurité. Il y a donc un double intérêt à faire l'acquisition d'un bon matériel de tir.

Nous emprunterons aux Instructions de M. J. Chatillon le modèle d'une police d'assurance[1] dans laquelle la Compagnie assureur accepte la responsabilité de tous les accidents qui peuvent survenir dans l'exécution des tirs moyennant une prime de ..., payée par pièce de canon assurée pour un an.

1. La Compagnie d'assurance *Le Patrimoine* a assuré dans ces conditions les artilleurs de Denicé moyennant une prime annuelle de 10 francs par canon.

MODÈLE D'UNE POLICE D'ASSURANCE

Entre   , Compagnie d'assurances contre
les accidents, dont le siège est à   , représentée
par son directeur général, M

D'une part,

Et M.   , propriétaire,
demeurant à   , agissant en qualité
de directeur de la Société de défense contre la grêle,
notamment par les détonations d'artillerie, de la commune de

D'autre part,

Il a été arrêté et convenu ce qui suit :

La Compagnie   garantit la
responsabilité civile de la Société de défense contre la
grêle, notamment par les détonations de l'artillerie, de
la commune de   , contre toutes les
conséquences des accidents tant matériels que corporels
pouvant survenir soit aux propriétés des tiers, soit aux
personnes chargées du service des appareils de tir (vulgai-
rement appelés canons), soit à d'autres personnes et résultant tant du fait de la détention et de l'explosion de la
poudre que du fait du tir desdits appareils.

La responsabilité de la Compagnie est illimitée, quelle
que soit l'importance des dégâts matériels autres que
ceux d'incendie qui ne sont point garantis et quel que
soit le nombre des victimes d'un accident.

La Compagnie assume notamment la responsabilité des
indemnités fixées par la loi du 9 avril 1898 et par celle
du 30 juin 1899, pour tous les cas où il en serait fait application par les tribunaux.

La prime du risque est fixée à   par appareil
et par an, payable au commencement de chaque année
d'assurance, soit   pour   appareils,
la Société s'engageant à payer la prime de   pour
chaque nouvel appareil qui pourra être installé par la suite
et dont la déclaration sera faite aussitôt à la Compagnie.

Les sinistres seront déclarés à la Compagnie dans les huit jours, la Société s'engageant à lui donner tous les renseignements utiles ; elle transmettra aussi à la Compagnie toutes les réclamations et pièces judiciaires qui lui seraient adressées au sujet des accidents, les procès étant suivis exclusivement par la Compagnie.

Le présent contrat est souscrit pour une durée de   ans avec faculté pour les deux parties de résilier à l'expiration de chaque période annuelle en se prévenant deux mois à l'avance par lettre recommandée.

Il est résilié de plein droit en cas de dissolution de la Société.

Fait double à   le
Le Souscripteur: *Le Directeur général*:

STATUTS ET RÈGLEMENTS POUR LA CONSTITUTION
DES ASSOCIATIONS DE TIR CONTRE LA GRÊLE

Les Associations de tir doivent posséder deux sortes de règlements. Les premiers, sous le nom de *Statuts de l'Association,* indiqueront plus exactement le but de l'Association et fixeront les devoirs des associés en déterminant le mode, suivant lequel chaque syndiqué participera aux dépenses. Les seconds, sous forme de *Règlement de tir,* feront connaître les dispositions adoptées pour la défense, signal et exécution des tirs, manœuvre des pièces, etc.

Un premier point à stipuler dans les *Statuts* sera de prévoir la part de dépense qui incombera à chaque syndiqué aussi bien que la durée du contrat qui lie les membres de l'Association. La répartition des frais se fait en général au prorata du nombre d'hectares que chaque syndiqué possède dans la zone protégée. Toutefois, si la zone est très étendue, et si l'isolement de certaines parcelles rend la protection moins efficace, il y aura lieu dans ce cas de mettre seulement les dépenses d'exercice à frais commun, tandis que chaque propriétaire adhérent prendra à sa charge les frais d'installation des canons, qu'il organisera pour la défense de son propre vignoble. L'Association fixera, dans ce cas, une distance maximum, pour l'écartement des stations ainsi établies de manière à ne pas laisser compromettre l'efficacité de la défense.

Nous reproduirons ici les Statuts adoptés par l'Association de Conegliano lors de sa constitution en décembre 1898.

Statuts

1º Peuvent faire partie de l'Association, les agriculteurs qui veulent installer des stations de tir pour protéger leur propriété, pourvu que la localité proposée pour cette installation soit distante d'environ 1 kilomètre de l'une des stations de l'Association.

Art. 2. — Le Bureau de l'Association s'occupera de la construction de toutes les stations de tir aussi bien que de l'instruction du personnel et il en surveillera le régulier fonctionnement. Le Bureau fera le nécessaire pour obtenir des subventions des sociétés ou des personnes qui s'intéressent au progrès de l'agriculture aussi bien que pour obtenir du gouvernement la poudre nécessaire aux tirs, soit gratuitement, soit à un prix de faveur.

A la fin de la campagne, le Bureau donnera un compte rendu de la situation financière de l'Association, et publiera un rapport sur les observations faites et sur les résultats obtenus, en vue d'apprécier l'efficacité de ce moyen de défense contre la grêle.

Art. 3. — Les syndiqués sont tenus au paiement des frais d'installation des stations de tir établies sur leurs terres aussi bien qu'à ceux de la poudre consommée dans les dites stations.

Plusieurs propriétaires pourront concourir à frais communs à l'installation d'une même station. Pour couvrir les frais précédemment indiqués, les propriétaires de chaque station feront au Bureau de l'Association un versement anticipé de 300 francs.

La liquidation de l'actif et du passif aura lieu à la fin de la campagne. Les syndiqués sont tenus de maintenir leurs stations en parfait état de fonctionnement et de les munir du personnel nécessaire.

ART. 4. — A chaque station seront attachés deux artilleurs.

ART. 5. — Un règlement spécial fera connaître le mode de fonctionnement des stations.

D'après les Statuts de cette organisation, chaque propriétaire reste juge dans une certaine mesure du nombre de stations qui doit protéger son vignoble ; la bonne installation des stations et leur fonctionnement sont réglés par le Conseil d'Administration de l'Association.

D'autres associations, notamment celle de Denicé (Saône-et-Loire) règlent elles-même, après consultation d'une Assemblée générale, la distribution des stations sur le vignoble. Chaque syndiqué paie une contribution proportionnelle à l'étendue de la surface de son vignoble, comprise dans le périmètre protégé.

Nous reproduirons ici les Statuts adoptés par l'Union beaujolaise des Syndicats agricoles[1]. Ces Statuts, bien étudiés, peuvent servir de modèle pour l'organisation des nouvelles sociétés.

Statuts de la Société de défense contre la grêle de la commune de

ART. 1er. — Il est formé entre ceux qui adhéreront aux présents statuts dans la commune de   une Société de défense contre la grêle, notamment par les *détonations d'artillerie*.

1. J. Chatillon, *Sociétés de défense contre la grêle*.

Son siège est établi à

Sa durée est illimitée ainsi que le nombre de ses membres.

Elle commencera à partir de l'accomplissement des formalités légales.

ART. 2. — Peuvent faire partie de la Société tous les propriétaires vignerons, fermiers, métayers, maraîchers et généralement tous ceux ayant intérêt à se protéger contre la grêle.

ART. 3. — Les adhérents devront apposer leur signature sur le registre matricule des propriétés à défendre ou sur un registre spécial.

ART. 4. — Les membres s'engagent à verser une cotisation chaque année, mais il n'y a entre eux aucune solidarité. Chacun d'eux n'est tenu qu'au maximum de la cotisation.

ART. 5. — La cotisation est établie par hectare ou fraction d'hectare.

Elle est proportionnelle à l'étendue de la propriété à protéger.

ART. 6. — Une Assemblée générale aura lieu tous les ans à l'automne après la fin de chaque exercice fixée au 31 octobre. Les membres de la Société y seront convoqués individuellement, ou par affiche, ou par la presse.

S'ils ne peuvent y assister, ils pourront s'y faire représenter par un autre sociétaire.

Cette Assemblée générale approuvera les comptes du trésorier, fixera la cotisation pour l'exercice suivant, nommera pour trois ans les membres de la commission administrative ou pourvoira chaque année aux vacances. En outre, elle donnera son avis sur toutes les questions qui lui seront soumises.

Elle délibérera valablement, quel que soit le nombre des membres présents ou représentés.

En cas de besoin, d'autres assemblées générales pourront avoir lieu en cours d'exercice.

Toutes les assemblées générales se tiendront dans un local clos et couvert, et ne pourront y assister que les membres de la Société.

Les discussions politiques, religieuses ou étrangères au but de la Société y sont formellement interdites.

ART. 7. — Les membres de la Société s'engagent pour une période de[1]   . Au bout de ce temps, ils restent engagés pour une nouvelle période semblable, s'ils n'ont donné leur démission par lettre recommandée avant le 1er novembre.

En cas de décès d'un membre, ses héritiers sont tenus à tous ses engagements.

Si un membre aliène sa propriété ou abandonne la culture, il perd tout droit aux sommes qu'il aura versées et demeure néanmoins tenu de remplir toutes les obligations de l'année.

ART. 8. — La Société est administrée par une commission composée d'un président, d'un vice-président, d'un trésorier, d'un secrétaire et d'un nombre variable d'assesseurs nommés pour trois ans par l'Assemblée générale de fin d'exercice, à la majorité des membres présents ou représentés, le vote ayant lieu soit à main levée, soit au bulletin secret, si plus de vingt sociétaires le demandent.

La première commission administrative sera désignée par l'Assemblée générale constitutive de la Société à la même majorité et de la même manière que ci-dessus.

Toutes les fonctions sont gratuites ; toutefois la commission peut se faire aider par une ou plusieurs personnes salariées.

La commission administrative se réunit aussi souvent que l'intérêt de la Société l'exige.

C'est elle qui organise la défense, autorise notamment les achats de matériel et de poudre, désigne la Compagnie avec laquelle sera contractée une assurance contre tous les accidents matériels et corporels, et prend généralement toutes les mesures nécessaires pour le bon fonctionnement de la Société.

1. Un an ou plus, selon que les dépenses d'installation seront amorties en une ou plusieurs années.

Elle peut aussi s'entendre avec les commissions administratives de sociétés voisines.

Le président préside les séances de la commission et les assemblées générales, dirige les débats et les travaux de la Société, la représente en justice et dans tous les actes de la vie civile, ordonnance les dépenses.

Le vice-président remplace le président en cas d'empêchement.

Le secrétaire rédige les procès-verbaux, met à jour les divers registres, tient la correspondance et fait les convocations sur l'ordre du président.

Le trésorier reçoit les cotisations annuelles, encaisse les sommes pouvant revenir à la Société à un titre quelconque, paye les dépenses sur le visa du président, garde ou place les fonds disponibles, établit chaque année la situation financière.

Art. 9. — Les membres de la commission administrative ne contractent, en raison de leur gestion, aucune obligation personnelle ou solidaire, relativement aux engagements ou opérations de la Société.

Ils ne répondent que de l'exécution de leur mandat.

Art. 10. — La cotisation fixée pour l'année future est recouvrée de suite après l'Assemblée générale de fin d'exercice.

Passé le délai d'un mois après ladite assemblée, le sociétaire qui n'aura pas payé entre les mains du trésorier pourra être poursuivi à la requête du président.

Art. 11. — La caisse de la Société est alimentée par :

1° Les cotisations ;

2° Les dons manuels qui peuvent être faits à la Société ;

3° Les subventions qu'elle peut recevoir de l'État, du département, de la commune, d'un comice, d'un syndicat ou d'une union de syndicats agricoles, d'une société ou association agricole, etc.

Art. 12. — Les présents statuts ne pourront être modifiés qu'en assemblée générale, à la majorité et de la façon prévues à l'article 8 pour l'élection des membres de la Commission administrative.

La dissolution de la Société ne pourra aussi être prononcée qu'en assemblée générale, mais à la majorité de la moitié plus un des sociétaires représentant au moins la moitié du total des cotisations.

Cette assemblée décidera à la même majorité du mode de liquidation de la Société.

L'organisation très rapide des Associations de tir en Italie, et leur extension sur de très grandes surfaces ont déterminé la création de *fédérations,* groupant plusieurs associations, et venant en aide à chacune d'elles tant pour diriger leur organisation que pour provoquer de nouvelles études utiles à la défense commune. Telle est la fédération des Associations de tir de la province de Trévise, dont le siège est à Conegliano.

Nous en reproduisons ici les Statuts afin de faire connaître le but utile poursuivi par ces fédérations.

FÉDÉRATION DES ASSOCIATIONS DE TIR CONTRE LES NUAGES A GRÊLE AVEC SIÈGE A CONEGLIANO

STATUTS APPROUVÉS DANS L'ASSEMBLÉE DU 4 MAI 1900

ART. I

Le but de la fédération est de prêter son aide à l'action de chacun des syndicats qui ont adhéré à elle et cela dans toutes les initiatives pour lesquelles il est utile de créer une solidarité.

ART. II

En harmonie avec un tel but la fédération:

a) organise des expériences et fait des études sur la défense contre la grêle.

b) recueille et classe les données relatives à la marche des orages, au fonctionnement et à l'efficacité des tirs.

c) présente un rapport annuel et le compte rendu de sa situation financière en faisant les propositions opportunes pour l'année suivante.

d) sollicite les concours qui peuvent être donnés par le Gouvernement et les appuis moraux qui peuvent venir en aide à la fédération.

e) sur demande fournit des informations et donne des indications pour l'acquisition des munitions et pour l'assurance du personnel affecté au service des stations de tir, donne des avis sur la qualité de la poudre et sur les appareils de tir, formule des statuts et règlements à l'usage des syndicats adhérents à la fédération, représent eles associations dans les congrès.

Art. III

Les associations qui adhèrent à la fédération s'engagent :

a) à transmettre à la fédération leurs propres statuts.

b) à indiquer sur les graphiques fournis à la fédération l'emplacement de leurs propres stations de tir en tenant à jour leur accroissement progressif.

c) à transmettre à la fédération après chaque orage les informations rédigées d'après le carnet de note qui sera fourni par la fédération.

d) à payer à la fédération la somme de 1 franc pour chacune de leurs stations de tir.

Art. IV

Le gouvernement de la Fédération est confié au Conseil de direction composé des représentants de chaque association.

Le Conseil de direction nomme parmi ses membres le président, le vice-président et le secrétaire-trésorier.

Il est donné à la présidence la faculté de s'associer d'autres personnes.

Conegliano, 5 mai 1900.

La présidence :

M. Giunti,   T. Dall Armi.

FORMALITÉS A REMPLIR POUR LA CONSTITUTION D'UNE ASSOCIATION DE TIR

Nous emprunterons aux Instructions de M. J. Chatillon la nomenclature des formalités à remplir pour constituer une Association de tirs contre la grêle.

La Société ne peut être constituée qu'avec l'autorisation du Préfet du département; il devra lui être adressé les pièces suivantes :

1° Une *demande d'autorisation* établie sur timbre de 0 fr. 60, et signée par les membres du Bureau provisoire ;

2° Un *procès-verbal* succinct de l'assemblée générale des membres organisateurs, dans laquelle la création de la Société a été décidée et les Statuts approuvés.

Ce procès-verbal établi en *double copie* doit mentionner la date de cette Assemblée générale et le nombre des personnes qui y ont assisté. Le Président et le Secrétaire du Bureau provisoire *certifieront conformes* ces deux copies ;

3° *Quatre exemplaires* sur papier libre des *Statuts* devant régir la Société. Chaque exemplaire doit être revêtu de la signature de tous les membres du Bureau provisoire ;

4° La *liste nominative* en *double exemplaire* des Membres organisateurs ou fondateurs indiquant les noms, prénoms, profession, âge, domicile ou résidence de chacun d'eux. Cette liste est datée et certifiée conforme par le Président ou le Secrétaire du Bureau provisoire ;

5° Un *mandat-poste* de 1 fr. 80 pour le coût du timbre de l'arrêté préfectoral à intervenir. Ce mandat sera établi au nom de M. le Préfet du département.

A côté des statuts des Associations de tir, prennent place les règlements pour le fonctionnement des stations de tir pendant la lutte contre les orages à grêle. Ces règlements font connaître la manière dont le signal du commencement de l'action doit être donné, et les prescriptions qu'il y a lieu de suivre pour l'exécution des tirs.

A quel moment faut-il commencer le tir? Les uns conseillent une action préventive, les autres une action plutôt défensive. Le tir préventif exécuté pendant la formation de l'orage à grêle mais un peu avant son développement, paraît le plus rationnel. Le tir n'a pas pour but d'empêcher la chute de la grêle déjà formée, mais bien la transformation des éléments qui doivent la former. Dans plusieurs orages à grêle, la chute de celle-ci est précédée par une période de grand calme avec température élevée, accompagnée d'une sensation de lourdeur ou d'oppression assez particulière. C'est pendant cette période que M. Stiger conseille de

FIG. 57. — Cirrus précédant un orage.

commencer le tir dès l'apparition des premiers nuages menaçants.

La forme des nuages qui précèdent l'orage peut souvent servir d'utile avertissement. L'arrivée de ce dernier est souvent précédée quelques heures à l'avance par des cirrus ou nuages déliés en forme de houppes ou de pinceaux correspondant aux régions élevées de l'atmosphère, et trahissant la présence des courants d'air supérieurs dont nous avons indiqué précédemment le rôle dans la formation de la grêle.

A ces nuages précurseurs, succèdent les cumulus orageux dont les bords déchique-

FIG. 58. — Cumulus de beau temps.

tés tranchant sur un fond plus sombre présentent un aspect particulier qui ne permet guère de les confondre avec les cumulus de beau temps.

Les cumulo-nimbus ou nuages orageux sont assez souvent accompagnés de cirrus qui paraissent parfois soudés à ces nuages en les surmontant et s'épanouissant en forme d'enclume ou de champignon. A la partie

supérieure du nuage à grêle les vents sont ascendants ;
vers sa partie inférieure s'établissent des remous rendus
visibles par le contournement des masses de vapeur
condensée. Ces remous représentant un tourbillon à
axe horizontal créent des vents descendants à l'avant
du nuage. De là les tourbillons de vent et de poussière
qui précèdent de quelques minutes l'arrivée de l'orage. Le nuage orageux diminue d'épaisseur vers l'arrière au fur et à mesure que la chute de pluie ou de grêle se manifeste. La figure 60 représente la forme type d'un nuage à grêle dont la hauteur peut atteindre jusqu'à 4 ou 5 kilomètres, tandis que sa largeur peut dépasser 20 ou 30 kilomètres.

Fig. 59. — Cumulus de mauvais temps.

L'arrivée des nuages plus rapprochés, chassés des
sommets montagneux voisins, et le grondement
lointain des premiers coups de tonnerre donnent aussi
assez souvent le signal du commencement de la lutte.
Le bruissement particulier dû à la formation ou à la
chute des grêlons à une certaine distance des points

d'observation, est encore un avertissement qui sera
mis à profit par la station chargée de donner le signal
des tirs, bien qu'il précède quelquefois de trop peu
de temps la chute de la grêle sur la station menacée.

Il serait très désirable pour une bonne organisation
de la défense de posséder une méthode sûre, donnant
l'avertissement des chutes de grêle quelques heures à
l'avance.

Fig. 60. — Nuage à grêle en forme d'enclume.

L'un des phénomènes avant-coureurs les plus précis
de la formation d'un orage est l'accroissement rapide
de la tension électrique qui se manifeste dans les
nuages voisins du sol. Soit que l'on admette, avec
M. Palmieri, que cette formation d'électricité est due
à la condensation qui réunit les particules aqueuses
en gouttes de pluie, ou qu'on lui assigne, avec M. Col-

ladon[1], comme origine, le transport vers le sol, de l'air des nuages supérieurs toujours fortement électrisés, les manifestations de l'accroissement de la tension

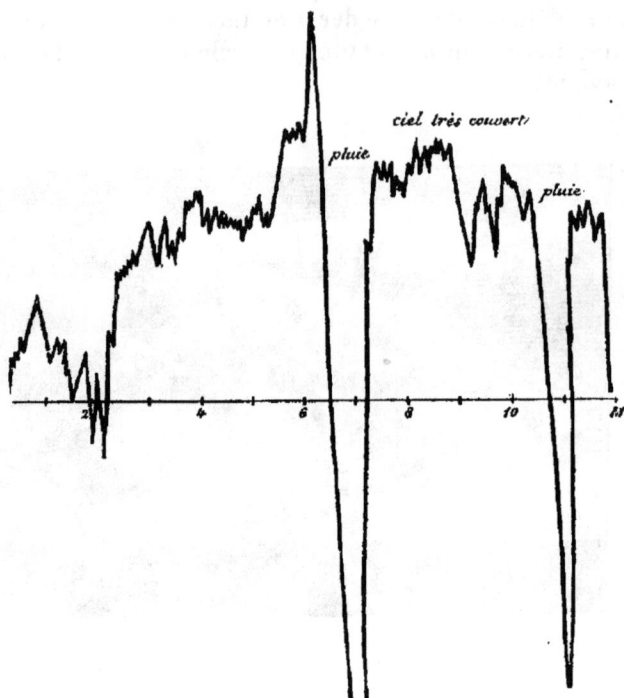

FIG. 61. — Variations de l'électricité atmosphériques avant un orage.

électrique signalées par un électromètre installé à une certaine hauteur au-dessus du niveau du sol, pourraient

1. Colladon, Sur les origines du flux électrique des nuages orageux, in *C. R.*, t. CII, 1886.

donner un utile renseignement. Lorsque le développement de l'orage est imminent, l'électromètre accuse
de brusques variations dans la valeur du potentiel électrique, et au moment des premières gouttes de pluie,
la tension positive de l'atmosphère décroît brusquement
et peut même s'inverser en devenant temporairement
négative. La fig. 56 reproduit une partie d'un tracé de
l'électromètre obtenu à Lausanne par M. le Pr Dufour [1]
et montre le caractère de la marche de l'électromètre
pendant les périodes orageuses.

A la demande des Associations de tir qui avaient
exprimé le désir de voir étudier les phénomènes orageux de l'atmosphère plus spécialement en vue de la
défense contre la grêle par les tirs, le Ministre de l'agriculture a créé, en Italie, deux stations pour l'étude des
phénomènes orageux de l'atmosphère, l'une à Conegliano, l'autre à Casale Montferrato. Les directeurs de
ces stations sont M. le Pr Rizzo, de l'Université de Pérouse pour celle de Casale, et M. le Dr A. Pochetino,
assistant de l'Institut physique de Rome, pour celle de
Conegliano. A la station de Casale, installée au sommet
du château de Saint-Georges, M. le Pr Rizzo avait déjà
réalisé depuis quelques mois, lors de ma visite en
juillet dernier, l'installation d'un électroscope, permettant de suivre assez facilement les variations de la tension électrique de l'atmosphère.

A défaut d'électromètre on peut retirer un précieux
avertissement de l'observation des phénomènes d'induction produits sur les fils télégraphiques par les
brusques variations des tensions électriques qui se
manifestent à l'approche des orages ou pendant leur
évolution sur les régions voisines. L'oscillation de

1. H. Dufour, Contribution à l'étude de l'électricité atmosphérique.

l'aiguille des galvanomètres des postes télégraphiques ; les brusques secousses imprimées à l'électro-aimant préviennent de l'imminence des orages. Les stations télégraphiques prévenues par ces indices s'isolent de la ligne ; elles sont en même temps informées par la suppression des communications avec telle ou telle station intermédiaire qu'un orage se développe sur telle ou telle région. Il serait donc assez facile d'organiser un service d'information faisant connaître à la station centrale des associations de tir que les phénomènes orageux commencent leur évolution. Ce serait là un premier avertissement qui engagerait les artilleurs à ne pas trop s'éloigner de leur poste et à se tenir prêts au premier signal.

L'allure saccadée du tracé du baromètre enregistreur révèle parfois aussi assez souvent la préparation des orages locaux ; mais ce caractère ne peut le plus souvent être utilement observé que sur des appareils enregistreurs d'une assez grande sensibilité.

En fait, dans les conditions où les Associations de tir sont actuellement organisés c'est au tact de l'observateur préposé à la direction de l'une des stations de tirs qu'est confiée la délicate mission de donner le signal du tir. Souvent on tire trop tôt ; mais plus souvent encore on tire trop tard, surtout quand l'orage à grêle se développe pendant la nuit. Comme d'autre part, en cette matière *mieux vaut prévenir que guérir*, il y a plutôt intérêt à commencer les tirs de bonne heure alors même que le développement de l'orage n'est pas certain.

Le signal du commencement des tirs est donné en général par l'une des stations choisie, de manière à ce qu'elle soit en vue de toutes les autres ou de la plupart d'entre elles. Assez souvent cette station est munie d'un mât sur lequel on élèvera un drapeau pour signaler l'imminence de l'orage. La station centrale commencera le tir qui sera continué par les autres stations. Si le périmètre du réseau est un peu étendu, chaque station restera juge de l'opportunité de procéder à des tirs rapides ou de ménager ses munitions.

Nous reproduisons ici le règlement pour les artilleurs de l'Association de tir de Lonigo qui nous a paru présenter diverses dispositions utiles a introduire dans les règlements de cette nature.

RÈGLEMENT POUR LES ARTILLEURS DES TIRS CONTRE LA GRÊLE

1. — Après avoir constitué l'Association et établi l'emplacement des canons, on procédera aussitôt à la nomination d'un directeur des tirs, avec un employé sous ses ordres et deux artilleurs par station.

2. — Le directeur du tir aura autant que possible son habitation au centre du pays et les artilleurs seront choisis dans les familles les plus voisines des stations de tir.

3. — Il appartient au directeur de donner les ordres qui peuvent assurer l'efficacité de la lutte contre la grêle; c'est lui qui donne le signal du commencement et de la fin des tirs.

4. — Comme le signal le plus certain de l'approche d'un orage est le battement de l'électro-aimant des appareils télégraphiques et la chute rapide du baromètre, le directeur s'efforcera dans les localités où existe un bureau télégraphique d'obtenir en temps opportun l'avis de l'imminence de l'orage; il aura toujours à sa disposition un baromètre exact.

5. — Toutes les fois que le curé de la paroisse en donnera l'autorisation, le directeur du tir fera donner le signal du tir au son de la cloche.

6. — Le premier son de la cloche invitera les artilleurs à se munir de tout ce qui est nécessaire pour le tir, à se

porter sans retard à leur station où ils règleront le fonctionnement du canon et feront les préparatifs nécessaires.

7. — La seconde sonnerie de la cloche sera le signal
définitif pour commencer le tir à feu lent, soit un coup
toutes les deux ou trois minutes.

8. — Le son plus funèbre de la cloche (son du tocsin),
tintement répété), commandera l'accélération des tirs.
Mais on est averti qu'il ne faut pas faire plus de deux tirs
par minute, parce qu'on brûlerait inutilement la poudre
et on obtiendrait un effet moins efficace. La cheminée
du canon doit avoir cessé ses oscillations avant que l'on
fasse partir un nouveau coup; elle doit être en grande
partie vide de fumée et l'air doit être remis de la violente
secousse que lui a imprimée le tir précédent.

9. — Au son de fête de la cloche doivent cesser les
tirs.

10. — Si le directeur ne peut remplir sa tâche lui-
même il doit avoir à ses ordres un employé qui aura la
garde de la poudre, s'occupera de sa distribution. Il aura
soin de visiter les stations pour s'assurer de leur fonctionnement régulier.

11. — Cet employé sera rétribué au prix annuel de

12. — Chaque station de tir aura deux artilleurs; l'un
en sera le directeur, il réglera et effectuera le tir; l'autre
fera fonction de servant et préparera les charges de
poudre.

13. — Chaque artilleur recevra à la fin de la saison
comme paiement de son travail la somme de
après retenue des amendes qu'il pourrait avoir encou-
rues.

14. — Si un artilleur a besoin de s'absenter de chez
lui, il doit prévenir celui qui le remplacera en temps.
d'orage et avertir son compagnon de tir de son absence
en lui indiquant la personne qui le remplacera.

15. — Chaque station doit être pourvue d'un canon
amarré à terre pour résister à l'action du vent, d'une
cabane pouvant fermer à clef, de N   mortiers et de

N   cartouches, d'une boîte en bois fermant à clef
pour contenir les charges de poudre.

16. — La poudre sera distribuée en charges dosées
contenues dans un petit sac en papier pouvant servir de
bourron pour la charge. Aussitôt qu'un orage sera fini,
l'artilleur-chef devra se rendre à la poudrière pour recevoir autant de nouvelles charges en petits sacs qu'il y en
aura eu de consumé par les tirs. Chaque remise de
poudre avec la date du mois et du jour, avec le nombre
de petits sacs sera inscrite sur un registre que chaque
artilleur gardera avec lui. Cette remise sera également
inscrite sur le grand livre tenu par le distributeur de la
poudre.

17. — Dans chaque cabane sera affichée une copie du
présent règlement en même temps qu'un tableau sur
lequel on notera chaque fois le jour et l'heure de l'orage;
le côté d'où soufflait le vent violent ou modéré et le
nombre des coups tirés.

18. — Les artilleurs auront soin de tenir en état leur
canon; ils en assureront la propreté et le parfait fonctionnement. Ils garderont avec beaucoup de soin la
poudre qu'ils manieront avec beaucoup de prudence.

19. — Les artilleurs devront signaler toutes les répa-
rations et les fournitures utiles pour assurer le bon fonctionnement de leur station, aussi bien que les avaries
ou détériorations produites par des étrangers.

20. — L'artilleur, qui au son de la cloche ne s'est pas
rendu à son poste, encourra une amende de 5 francs.

21. — L'artilleur qui aura tiré avant le signal convenu
encourra une amende de 0 fr. 50, et celui qui aura tiré
par fantaisie dans quelque circonstance que ce soit aura
une amende de 5 francs et devra remplacer la poudre
brûlée.

22. — On pourra, avec le consentement du directeur
des tirs, se servir des canons à l'occasion des fêtes; mais
la poudre employée ne devra jamais être celle qui a été
distribuée par le syndicat.

23. — Il pourra arriver dans les régions montagneuses
que le centre du pays ne soit pas averti à temps de l'ar-

rivée de l'orage; dans ce cas les stations extrêmes situées du côté par où pénètre l'orage devront faire quelques tirs pour avertir la station centrale de donner le signal convenu par la sonnerie des cloches. Si la grêle commence à tomber, on continuera les tirs à feu rapide, deux coups par minute et les artilleurs des stations voisines soutiendront la lutte par leur tir.

24. — Celui qui use la poudre dans un but étranger à sa destination, qui la vend ou qui la donne commet un véritable vol et encourt les peines édictées par le Code pénal. Le syndicat de tirs est décidé à sévir contre les délinquants aux termes de la loi.

25. — Lorsque le danger de la grêle sera écarté et que les tirs auront cessé, les artilleurs resteront encore quelque temps dans leur cabane de peur que l'orage ne se reforme.

26. — Avant de quitter leur station, les artilleurs emporteront avec eux toutes les pièces du canon qui peuvent s'enlever; ils lieront avec un fil de fer les parties mobiles de peur que les gamins ne les manœuvrent et ne les détériorent.

27. — Le syndicat de tir étant une société coopérative, il est de l'intérêt et du devoir des associés de signaler au directeur des tirs tous ceux qui ont négligé les tirs, gaspillé la poudre ou oublié quelque chose qui pourrait nuire à la défense.

28. — Enfin chaque artilleur se rappellera la gravité et la responsabilité de sa mission, parce que de son activité et de sa diligence peut dépendre la prospérité ou la ruine de l'association.

Le président de l'Association,   Le directeur des tirs,

L'Association de tirs de Denicé a adopté pour le premier signal des tirs l'élévation d'un drapeau hissé le long d'un mât au poste central; le second signal du commencement du tir est donné par un coup de canon tiré du poste central. Nous reproduisons ici la partie du règlement de tir de cette association relative à l'interprétation des signaux avant et pendant l'orage.

INTERPRÉTATION DES SIGNAUX

Un mât devra être placé au point le plus culminant de la commune où sera établi le poste central. Il servira à hisser des drapeaux-signaux.

Les artilleurs devront, chaque jour, surveiller ce mât et se conformer rigoureusement aux indications données par lui.

Drapeau rouge et blanc : ARTILLEURS, PRENEZ GARDE !

Avant l'orage. — A la vue de ce drapeau hissé au sommet du mât, les artilleurs devront : 1° se rendre compte du bon fonctionnement de leurs canons, du bon état de leurs munitions. Ils pourront, s'ils le jugent à propos, monter les percuteurs et ajuster la culasse à la pièce ;

2° Ils devront aussi se munir de leurs cornes d'appel, de leurs clefs, et ne pas s'en séparer pendant leur travail.

Drapeau jaune : ARTILLEURS, A VOS PIÈCES !

Dès que le drapeau jaune sera hissé, un coup de canon sera tiré au poste central.

A ce moment, chaque artilleur devra courir à son poste. Il est nécessaire que chacun, *en s'y rendant, sonne de la corne d'appel, sans interruption,* pour prévenir ceux qui n'auraient ni vu ni entendu le signal.

Une fois arrivé au poste, l'artilleur devra charger son canon et attendre pour commencer le feu que le poste central tire.

Il est urgent que les postes les premiers prêts à tirer soient ceux placés dans la direction de l'orage.

Pendant l'orage. — Au début, deux coups devront être tirés à la minute, mais pas davantage, pour éviter l'échauffement des armes. Ensuite, les coups pourront être plus espacés.

Les artilleurs, placés à proximité d'une route, ne devront pas tirer au moment du passage d'une voiture. Dès que le danger sera conjuré, cesser le feu.

Ne pas interrompre le tir, *au contraire,* même si la grêle vient à tomber.

Après l'orage. — Une fois l'orage fini, démonter le canon s'il y a des pièces à rentrer dans la cabane ; nettoyer et graisser les pièces avant de les rentrer.

Recharger toutes les cartouches vides, se réapprovisionner auprès du chef de section en munitions, sachets de poudre, bourres, amorces, etc.

Tenir en ordre après chaque orage la comptabilité : date, heure, nombre de coups tirés, et faire parvenir de suite la feuille de renseignement au chef de section.

STATISTIQUE DE L'EFFICACITÉ DES TIRS

Dans le but de recueillir de fort utiles documents sur le mode d'évolution des orages à grêle et sur l'efficacité des tirs, la plupart des associations de tir italiennes font établir par le chef de section, après chaque orage combattu, une feuille d'information permettant ensuite à la commission d'étude de la fédération générale des associations pour une même province, d'établir les cartes de propagation des orages et de la protection par les tirs. Nous reproduisons ici la feuille d'observation des Associations de la province de Bergame qu'a bien voulu me communiquer M. le Pr Tamaro, directeur

de l'École d'agriculture de Grumello del Monte,
M. Tamaro, qui s'occupe de centraliser les observations des diverses sections de tir, adresse, en même
temps que les questionnaires à remplir, le décalque
d'une carte des communes faisant partie des syndicats
de tir. Chaque commune est représentée dans ces
cartes par une surface de 1 décimètre carré environ et
il est très facile à cette échelle d'indiquer la direction
des orages, aussi bien que l'étendue et l'emplacement
des surfaces grêlées pendant le développement de
chaque orage. Un décalque de cette carte est fourni au
chef de section pour chaque orage.

Les nombreux documents déjà recueillis en Italie
sur le développement des orages et l'efficacité des tirs
ont permis la publication de plusieurs cartes fort ins-
tructives. Nous citerons plus spécialement la carte de
l'orage à grêle du 30 août 1899, publiée par l'Association des tirs de Casteggio, province d'Alexandrie, et la
carte des orages à grêle de la région de Conegliano,
dressée pour l'année 1899 par l'Association de tirs de
cette région.

On peut, sur cette dernière carte, voir, pour certains
orages, la grêle s'arrêter à la limite du périmètre
défendu et pour d'autres, l'entamer plus ou moins gravement dans la direction où des canons sont restés
inactifs ou ont tiré trop tardivement. Ces cartes, accom-
pagnées de leur notice explicative, seront de précieux
documents qui permettront dans l'avenir d'apprécier
plus exactement et les conditions nécessaires pour la
défense et le degré d'efficacité des tirs pour empêcher
la formation de la grêle au sein des nuages orageux.

Feuille pour l'observation des orages à grêle.

Zone d'observation. . . . .
Orage du. . . . .

DONNÉES SUR L'ORAGE

Commencement des coups de tonnerre, heure. . . .
Fin des coups de tonnerre, heure. . . . . .
Commencement de la pluie, heure. . . . . .
Fin de la pluie, heure. . . . .
Origine et direction de l'orage. . . . .
. . . .
Vent, origine et intensité. . . . .
Coups de tonnerre. . . . . . *Éclairs.* . . . .
Pluie en millimètres.. . . . . . *Grêle.* . . . .

DONNÉES SUR LES TIRS

Nombre des stations établies dans la zone.
    —   —   *qui ont fonctionné pendant l'orage.*
Moyenne des coups tirés par chaque station.
Nombre total des coups tirés.

DISCIPLINE DES TIRS

Quand le tir a-t-il commencé?
Les stations ont-elles toutes tiré avec le même ordre?
Fréquence des tirs.
Quantité de poudre consommée au total ou pour chaque station.
Observation sur le fonctionnement des canons.

Effet des tirs sur l'évolution de l'orage.

*Notice sur le développement de l'orage dans la zone voisine où
    les tirs n'ont pas eu lieu.*

───────

ANNEXE I

Chargé par le ministère de l'agriculture d'une mission
d'étude en Italie pour recueillir les documents relatifs à
l'efficacité et à l'organisation des tirs contre la grêle, j'ai
dû à l'extrême obligeance de M. le député Ottavi le tracé
de mon itinéraire dans les vignobles de la haute Italie.
M. Ottavi ne s'était pas d'ailleurs borné à jalonner ma
route sur une carte du vignoble; il avait bien voulu an-
noncer ma visite aux principales notabilités agricoles et
scientifiques que je devais rencontrer sur mon chemin
et j'ai pu facilement constater que le député de Padoue,
qui dirige avec l'active collaboration de M. le Pr Marescalchi le journal *il Coltivatore*, compte autant d'amis
qu'il y a en Italie de viticulteurs intéressés au progrès
de l'agriculture.

Casale. — Grâce à l'obligeance de M. Ottavi, je devais
me rencontrer à Casale avec MM. le Pr Roberto d'Alexandrie, le Pr Rizzo de l'Université de Pérouse, le Pr Marescalchi, et plusieurs autres personnes très documentées
sur l'organisation des tirs contre la grêle et sur leur
efficacité.

Je dois tout d'abord avouer qu'à mon arrivée à Casale
je professais à l'égard de l'efficacité des tirs un certain
scepticisme qui m'a paru d'ailleurs à ce moment-là assez
bien partagé par M. G. Janovsky, délégué du gouvernement russe, pour l'étude de la même question et avec

lequel j'ai eu également le plaisir de me rencontrer à Casale.

C'est donc avec le plus grand désir de m'instruire que j'ai écouté les très intéressantes explications données par M. le Pr Roberto sur la constitution mécanique des tourbillons orageux qui précèdent la chute de la grêle. C'est aussi avec une entière conviction que je m'efforçais, au cours d'une discussion assez animée dans laquelle le français et l'italien étaient agréablement mélangés, sans toujours respecter les règles de la syntaxe et de la pronociation, de présenter un certain nombre d'objections sur la réalité des tourbillons à axes horizontaux et sur le mécanisme présumé de la destruction des orages à grêle. Je dois à la vérité de dire ici qu'après l'achèvement de cet orage de discussion très pacifique au cours duquel les diverses théories de formation de la grêle devaient être quelque peu maltraitées, chacun se sépara en gardant ses positions de la veille.

Mais notre visite à Casale ne devait pas se borner à des discussions scientifiques sur la genèse des tourbillons orageux, tourbillons à axe horizontal et leur destruction par le tore, tourbillon à axe circulaire. Dans l'après-midi de la même journée, nous pénétrions directement dans la pratique des tirs par une visite à l'usine Bazzi, spécialisée dans la construction des canons grandinifuges. M. Bazzi a été l'un des premiers à réaliser en Italie le matériel de tir contre la grêle. Le modèle adopté est le mortier à canal cylindro-conique avec cheminée et amorce à percussion latérale. De nombreux essais ont été poursuivis avec des trombes de hauteur et de forme différentes. Les survivants de ces essais sont rangés en bataille dans un champ de luzerne voisin de l'usine, et, pendant que les canons tonnent successivement, plusieurs plaques photographiques commencent notre documentation.

Des appareils très ingénieux réalisent à l'usine Bazzi les diverses parties du matériel de tir depuis les cônes du pavillon jusqu'aux petites cheminées des mortiers. L'usine Bazzi a livré près d'un millier de canons pour la seule campagne 1900.

Nous nous dirigeons ensuite vers le vignoble du Montferrat et vers Saint-Georges. Nous y sommes reçus avec beaucoup d'amabilité par le maire de cette localité, M. le chevalier Pugno, qui nous fait visiter l'organisation de la défense de cet important vignoble. Nous faisons bientôt l'ascension de la colline sur laquelle s'élève le vieux château de Saint Georges. Sur la terrasse supérieure de l'édifice un peu entamé par le temps est installé le poste d'observation pour les orages à grêles réalisé par M. le Pr Rizzo de l'Université de Pérouse, délégué par le gouvernement italien pour diriger l'une des deux stations d'étude pour les orages à grêle créées depuis quelques mois seulement, l'une à Saint-Georges de Casale, l'autre à Conegliano. M. Rizzo m'explique l'organisation des diverses observations réalisées chaque jour dans cette station à l'aide d'un électromètre de Stove à feuilles d'or, de thermomètres et de baromètres enregistreurs. La terrasse d'où l'on peut explorer au loin l'horizon et le vignoble constitue un admirable poste d'observation pour l'étude des orages locaux.

Nous visitons ensuite plusieurs stations de tirs dans lesquelles nous constatons une tendance pour l'emploi des grands canons. Cette tendance paraît justifiée par l'insuccès de quelques tirs relevé contre certains orages d'une violence exceptionnelle.

La construction des cabanes-abris telles que celles de M. le comte Cavalli ou de M. Aliora semble inspirée à la fois par la confiance dans l'efficacité des tirs et par la défiance envers la sécurité du matériel. La cabane de M. Aliora, agriculteur à Saint-Georges et avocat à Turin, est un modèle du genre; rien n'a été oublié pour assurer la solidité de la construction, la commodité du tir et la sécurité des artilleurs contre l'explosion possible des mortiers. Les nombreux accidents survenus dans le vignoble italien, notamment en Vénétie, justifient pleinement ces précautions minutieuses.

Les visiteurs admirablement reçus à la villa Zenevreto par M. et Mme Aliora dégustent les produits du vignoble vivement appréciés aussi bien par M. Janovsky, directeur des caves des apanages impériaux de Tiflis, que par tous les excursionnistes qui comprennent alors très bien le soin jaloux que M. Aliora apporte à la défense de son beau vignoble contre la grêle.

Reçu le soir à la villa Cardella, propriété vignoble de M. Ottavi, nous reprenons avec M. le Pr Roberto notre discussion interrompue du matin et il est onze heures du soir quand nous songeons à aller rendre visite aux stations de tir organisées dans le vignoble du propriétaire, qui a oublié de nous rappeler qu'il a pris l'initiative des premiers essais pratiques de lutte contre la grêle dans les vignobles de la haute Italie.

Grumello del Monte. — M. le Pr Tamaro, directeur de l'École d'agriculture de Grumello del Monte, nous communique les résultats obtenus dans cette région par la pratique des tirs. Ces résultats sont entièrement favorables sauf dans le cas d'orages d'une violence tout à fait exceptionnelle. Des graphiques d'orages établis avec beaucoup de soin à l'aide de cartes adressées aux chefs de section chargés de recueillir les diverses données sur la marche des orages et le trajet des rayons de grêle complètent très heureusement la documentation spéciale de cette importante station d'étude des orages à grêle. M. Tamaro a étudié plus spécialement le matériel de tir et il veut bien nous donner de fort intéressantes indications sur les dimensions des mortiers et la forme des pavillons qui réalisent le sifflement du projectile le plus énergique et la plus grande puissance mécanique du tir.

Dans l'après-midi, nous allons visiter le vignoble des communes viticoles voisines de Grumello en nous arrêtant sur la route pour examiner la disposition de la poudrière de l'Association de tirs; plus de 800 kilogrammes de poudre de guerre y sont emmagasinés. La poudrière est isolée en plein champ par une enceinte de planches l'entourant à 2 mètres d'intervalle. La clef de la poudrière est confiée au gardien qui seul pénètre dans l'enceinte, tandis que les délégués de l'Association attendent au dehors la remise de la poudre.

A Caleppio, nous visitons de nombreuses stations de tir

dont une dizaine ont été créées par M. Sironi, dont nous
admirons le beau vignoble chargé de fruits et parfaitement défendu contre des orages à grêle assez violents
survenus pendant ces deux dernières années. Le temps
ne tarde pas d'ailleurs à se gâter; de gros nuages avan-
cent vers le sommet des collines qui dominent le vignoble;
en quelques minutes les artilleurs sont à leur poste et le
tir commence. L'orage disparaît bientôt, faussant compagnie au délégué français qui n'a pu que constater l'excellente organisation des tirs dans cette région et la confiance que tous les viticulteurs grands propriétaires ou
simples vignerons attachent à l'efficacité de cette méthode
de défense.

Brescia. — L'École d'agriculture de Brescia est située
sur les bords de l'important vignoble qui s'étend du lac
d'Iséo au lac de Garde. Des fertiles prairies arrosées qui
s'étendent dans la vallée où est établie la ferme de
l'École d'agriculture, il ne faut franchir que quelques
mètres pour s'élever sur les coteaux où s'étage le vignoble voisin et les laboratoires de l'École. Sur la
terrasse devant l'habitation du directeur de l'école,
M. Sandri, tout à côté des massifs de fleurs, des canons
noirs montent la garde en ligne de bataille. C'est que
M. le Pr Sandri est un croyant dans l'efficacité des tirs
contre les orages dont il a à plusieurs reprises suivi la
formation sur le lac de Garde et constaté la destruction
par les tirs bien disciplinés. M. Sandri ne discute pas
longuement sur la formation du tore; il étudie sans idée
préconçue les effets du canon Revelli à pavillon spécial,
qui ne siffle pas, mais qui comme ses voisins sifflants
paraît exercer une action destructrice sur les orages à
grêle. M. Sandri, après m'avoir montré sur une carte le
réseau des stations de tir de la province de Brescia, plus
de 1 000 stations, me signale les fréquentes chutes de
Nevischio, neige demi-fondue, verglas, grêlons mous,
qui ont été observées cette année à la suite des tirs. Il
me résume également ses observations personnelles sur
la transformation des nuages orageux combattus par les
tirs. Bref, devant cette foi robuste appuyée sur des faits,

de même qu'après ma conversation de la veille avec M. le Pr Tamaro, mon scepticisme est entamé.

Vicence. — Après un arrêt à Vérone pour visiter l'exposition agricole et industrielle de cette ville, où l'on voit les canons grandinifuges mélangés au matériel agricole et pour recueillir de la chaire d'agriculture de cette province les indications relatives à l'organisation et l'efficacité des tirs, je me dirige sur Vicence où M. le Pr Marconi, directeur de la chaire d'agriculture de cette province, devait avec son extrême obligeance se consacrer exclusivement pendant trois jours à la documentation du délégué français. M. Marconi m'expose la disposition des vignobles protégés par les tirs avec plus de 1 600 stations dans la seule province de Vicence. Semblable à l'historien qui se documente sur la situation des corps d'armées dans une bataille, j'assiste à l'aide des méthodiques explications de M. Marconi au développement des principaux orages mémorables qui, en 1899 comme en 1900, ont été efficacement combattus par les tirs. M. Marconi m'expose les faits et me laisse le soin de conclure. Je dois avouer que c'est en partie à ses explications sur les cartes du vignoble et à ses démonstrations topographiques sur le terrain, que je dois l'opinion que j'ai pu me former sur l'efficacité des tirs.

Je ne saurais quitter Vicence sans rappeler l'aimable accueil que j'y ai reçu de la Chambre d'agriculture de cette province dont les membres ont été unanimes à m'affirmer leur confiance dans l'efficacité des tirs, confiance basée sur les résultats obtenus dans cette région après deux années d'expérience.

Arzignano. — Cette localité est le siège du premier Syndicat de tir organisé en Italie; le vignoble de cette commune essentiellement viticole est défendu par plus de 200 canons. Accompagné par M. Marconi, je suis reçu avec une extrême cordialité par M. Petronio Véronèse, le président fondateur de ce premier Syndicat de tir. Une visite au beau vignoble de M. Véronèse, situé à quelque distance d'Arzignano, me permet facilement d'apprécier la confiance des viticulteurs dans ce mode de défense.

Au milieu des treilles de vignes disposées en tonnelles ou en berceaux et surchargées d'une abondante récolte, se dressent les canons de divers modèles, associés à des cabanes de différentes formes. Sur les flancs du coteau, j'aperçois un canon à pavillon de bois, douelles de bois assemblées avec des cercles en fer. Un mortier à mèche, introduit dans un tronc d'arbre servant de support à ce pavillon original, donne une détonation accompagnée d'un sifflement capable de rendre jaloux les canons les plus perfectionnés. On m'explique que la commune de Trissino, désireuse de protéger au plus vite son vignoble, n'a pas voulu attendre la livraison retardée de canons de modèle plus récent et a organisé sa défense à l'aide de 80 pièces d'artillerie de ce modèle assez primitif. Cette association de tir se déclare d'ailleurs très satisfaite du résultat obtenu. Sur un autre point du vignoble, la cabane de l'artilleur est formée de simples roseaux embrassant la trombe du canon, qui semble faire partie intégrante de la cabane et de l'artilleur. On pénètre à l'intérieur par un trou d'homme au niveau du sol ; il faut certainement avoir une foi robuste dans l'efficacité du tir pour user de ce logement pendant l'évolution d'un orage à grêle.

Le soir, un commencement d'orage mobilise une partie des artilleurs du Syndicat de tir d'Arzignano ; des jets de fumée jaillirent au loin sur les crêtes des collines qui dominent le vignoble, puis les nuages se dissipent ; le tonnerre cesse : le délégué français était encore là. La consigne des artilleurs est d'ailleurs de commencer les tirs plutôt trop tôt que trop tard : mieux vaut prévenir que guérir. Et de fait, en adoptant cette tactique, qui n'a que le seul inconvénient de brûler quelques kilogrammes de poudre de plus, le Syndicat de tir d'Arzignano n'a eu à enregistrer jusqu'à ce jour que des victoires.

Breganze. — Toujours guidé par M. Marconi, dont l'obligeance est inépuisable, je suis reçu à Bréganze par le Conseil municipal de cette commune et par l'Association de tir, dont le président est Msr Scotton, le véritable apôtre des tirs dans la Vénétie. Toujours sur la brèche, propageant la nouvelle méthode par ses conférences et par son

journal, organisant des cibles pour l'essai du nouveau
matériel de tir, recherchant les conditions de sécurité
que l'on doit demander aux nouveaux canons, procédant
sans cesse à de nouvelles enquêtes sur les succès et sur
les insuccès des tirs, Mgr Gottardo Scotton est l'une des
personnalités agricoles italiennes qui a pris la plus large
part dans l'étude et l'organisation de la nouvelle méthode
de défense du vignoble.

Le temps est superbe ; pas un nuage à l'horizon ; mais
l'Association des tirs de Breganze a voulu offrir au délégué français le spectacle d'une bataille en ordre rangé
contre les nuages absents ; vers onze heures du matin, le
premier signal du tir est donné par les grosses cloches du
campanile, tandis que l'on m'a fait les honneurs d'un
poste d'observation situé à 70 mètres au-dessus du sol,
tout près de l'extrémité de la flèche du campanile, dont
la croix s'élève jusqu'à 89 mètres au-dessus du niveau du
sol. Le campanile est bâti sur pilotis et le tangage du
poste d'observation, augmenté par l'élasticité de la char-
pente, ajoute encore au pittoresque de l'observation.

Bientôt les 50 bouches à feu réparties dans le vignoble
entrent en action ; au bout d'une demi-heure, un nouveau signal des cloches commande le tir rapide, puis le
ralentissement, puis la fin du tir. La discipline est parfaite et Mgr Scotton m'explique que c'est là qu'il faut chercher l'origine de l'efficacité des tirs observée depuis deux
ans sur la commune de Breganze, visitée autrefois annuel-
lement par la grêle.

Aux tirs dans le vignoble succède le tir à la cible. Un
canon de 4 mètres, disposé au bas du campanile, est
dirigé vers la cible, qui à 40 mètres au-dessus est supportée en avant de la terrasse des cloches à l'aide de deux
robustes poutrelles. La cible, formée par un plancher du
poids de 100 kilogrammes, est à peu près équilibrée à l'extrémité d'un levier. Un coup de canon retentit et le plancher, malgré son inertie, est brusquement soulevé à près de
40 centimètres au-dessus de ses appuis, comme s'il avait
été frappé par un violent projectile. Il sort évidemment
quelque chose des canons grandinifuges et ce quelque

chose transporte jusqu'à une certaine distance une quantité appréciable d'énergie mécanique. Et maintenant,
Messieurs les physiciens, appliquez-vous, prenez de la
peine et tâchez de nous expliquer le mécanisme de l'efficacité du tir des canons contre la grêle. La question est
posée : elle n'est pas encore résolue.

Un dîner de 50 couverts devait être la conclusion de
cette mobilisation des artilleurs, de ces intéressantes
expériences et de la visite du délégué français ; je puis
affirmer qu'il ne s'y est élevé aucune voix protestant
contre l'efficacité des tirs ; on y a dégusté d'excellents
vins, dont l'un, né à Breganze en 1861, a rallié à l'unanimité tous les suffrages pour continuer la lutte contre la
grêle par le tir des canons.

Après avoir visité la fabrique de canons de M. P. Laverda, canons à mortier à percussion latérale, assisté à
l'exposé d'un projet de canon lance-fusée et mis largement
à contribution l'obligeance de Mˢʳ Scotton pour obtenir
diverses indications sur l'organisation des Associations de
tir et sur l'assurance des artilleurs, je rentrais à Vicence,
où je devais quitter M. le Pʳ Marconi pour me rendre à
Conegliano.

Conegliano. — A peine débarqué au matin à la gare de
Conegliano, je suis immédiatement cueilli en voiture par
M. le Pʳ Bassi, aimablement délégué par l'École de viticulture de Conegliano. Je me trouve de suite en pays de'
connaissance, car l'École de viticulture de Conegliano et
l'École d'agriculture de Montpellier sont assez proches
parentes et depuis longtemps en excellentes relations.
Nous visitons d'abord une fabrique de canons grandinifuges, l'usine Barnabo ; elle a construit, elle aussi, cette
année près de 1 000 canons. Il se confirme par cette visite que la taille du matériel d'artillerie tend à s'élever ;
on demande le pavillon de 3 mètres et de 4 mètres avec
charge de 150 grammes au lieu du canon à pavillon de
2 mètres avec charge de 80 grammes. Les nouvelles
installations associent les grands et les petits canons. Le
canon Barnabo, de même que le canon Laverda et le canon
Bazzi, est un canon à mortier.

A l'École d'agriculture de Conegliano, ma mission de commissaire enquêteur sur les tirs contre la grêle est pour quelque temps interrompue et, sous la conduite de M. le chev. Giunti, directeur de l'École, et des autres professeurs de cette institution, je visite successivement les différents services de cet important centre d'enseignement agricole. A l'entrée de son laboratoire, M. le Pr Ghellini me rappelle le but de ma mission et m'explique les très intéressantes expériences qu'il a poursuivies en collaboration avec MM. les officiers d'artillerie Durand et Caorsi sur la mesure de la vitesse du projectile gazeux lancé par les nouveaux canons. M. le Pr Sannino me fait faire connaissance avec le vignoble de l'École, sur lequel sont échelonnées quelques stations de tir. Pendant le dîner organisé à l'occasion de la visite du délégué français, je puis constater que si la libre critique peut toujours s'exercer, même sur l'efficacité des tirs contre la grêle, l'opinion dominante est cependant très favorable à leur réelle efficacité lorsque les viticulteurs n'ont pas à lutter contre des orages d'une violence exceptionnelle. Les vins produits à Conegliano et présentés avec des étiquettes aux armes de l'École attestent la qualité de produits, dont la protection est particulièrement intéressante, et, je dois l'avouer, la conversation s'égare en dehors de l'axe des tourbillons orageux ; mais déjà je suis sérieusement documenté par l'attribution d'une collection de la *Rivista*, organe de l'École de Conegliano, et par les très intéressantes publications de M. le Pr Ghellini, dont l'une contient une carte très instructive des orages à grêle combattus par l'Association de tirs de Conegliano.

Bologne. — Après une pointe sur Venise et un léger arrêt à Padoue, que je devais revoir quelques mois plus tard, animée par le deuxième Congrès international des tirs contre la grêle, je me dirige sur Bologne, où je désirais très vivement rencontrer M. le Pr L. Bombicci.

M. Bombicci, chargé depuis de longues années de l'enseignement de la minéralogie à l'Université de Bologne, bien connu par ses remarquables travaux sur la cristallisation, a contribué pour une large part à l'organisation du magnifique musée minéralogique de l'Université de cette ville. Précurseur scientifique de M. Stiger, M. Bombicci avait conseillé depuis 1881 d'attaquer résolument les nuages à grêle par le tir des canons. Il n'a cessé depuis deux ans d'apporter la contribution de la science minéralogique à l'explication de la formation de la grêle et à la destruction de ce météore par le tir des canons. Président du Congrès de Casale, M. Bombicci est de ceux qui pensent que le concours de la science doit être largement accordé à l'étude de tous les faits de la pratique agricole résultant de l'observation et qui ont besoin pour être plus utilement interprétés de l'utile concours des recherches de laboratoire. M. le Pr Bombicci me montre aussitôt la synthèse d'un grêlon réalisée par la formation d'un groupement sphéroédrique de cristaux de silicates de chaux se détachant en blanc pur avec leurs contours arrondis à l'intérieur d'un bloc de verre transparent. Après m'avoir permis de jeter un coup d'œil sur les superbes échantillons minéralogiques du musée de Bologne, M. Bombicci m'expose les raisons de sa confiance dans le succès des tirs contre la grêle. Il estime que la puissance des tirs pourrait être augmentée en provoquant l'explosion d'un projectile spécial au sein même des nuages orageux. Si la démonstration de l'efficacité des tirs n'est pas encore complètement obtenue, ajoute le savant professeur, les faits observés sont en grand nombre favorables à cette efficacité; il faut surtout veiller à la bonne organisation des stations de tir et s'efforcer d'augmenter la puissance d'action du matériel de tir.

Ma mission d'étude devait ainsi se terminer à Bologne et j'achevais ma documentation par l'enregistrement d'un avis très autorisé concordant précisément avec l'ensemble des indications que j'avais pu recueillir au cours de mon voyage. Parti un peu sceptique, je rentrais en France très disposé à m'associer à l'ordre du jour proposé par M. le Pr Poggi au Congrès de Casale, ordre du jour constatant que les faits observés en Italie donnaient à la pratique des tirs la meilleure espérance de succès pour l'avenir.

ANNEXE II

RÉSULTATS OBTENUS PAR L'ORGANISATION DES TIRS CONTRE LA GRÊLE EN ITALIE PENDANT LES ANNÉES 1899 ET 1900.

Rapport adressé au Ministère de l'agriculture par M. HOUDAILLE, professeur à l'École d'agriculture de Montpellier.

———

Saint-Prim (Isère) le 6 août 1900.

MONSIEUR LE MINISTRE,

J'ai l'honneur de vous adresser, à mon retour d'Italie, un premier rapport sur la mission que vous avez bien voulu me confier, en date du 17 mars dernier, pour étudier les résultats obtenus en Italie par les tirs contre la grêle.

J'ai visité successivement, du 14 juillet au 1er août, les principales associations formées dans la Lombardie, le Piémont et la Vénétie pour la défense des vignobles contre les orages à grêle. Mon itinéraire, dont le tracé général comprenait Modane, Turin, Milan, Vérone, Venise, Padoue, Bologne, Florence, Gênes, Vintimille, m'a permis d'étudier successivement la pratique des tirs contre la grêle dans les localités suivantes :

Casale. — Siège, en 1899, d'un premier congrès pour l'étude des tirs contre la grêle, centre d'un important syndicat de défense par les tirs, siège d'une station expé-

rimentale créée cette année par le gouvernement italien
pour l'étude des conditions atmosphériques des orages à
grêle et pour les recherches relatives à la pratique des tirs;

Grumello del Monte. — Siège d'une école pratique
d'agriculture et centre d'une association pour les tirs qui
s'étend de Bergame au lac d'Iséo et possède environ
1 000 canons';

Brescia. — Siège d'une école d'agriculture et centre
d'une association pour les tirs comprenant 1 450 canons
et s'étendant du lac d'Iséo au lac de Garde ;

Vérone. — Siège d'une chaire provinciale d'agriculture
et centre d'une association de 800 canons ;

Vicence. — Siège d'une chaire provinciale d'agriculture. C'est dans cette province et notamment à Arzignano
qu'ont été organisés les premiers syndicats pour les tirs
contre la grêle. La province de Vicence compte, en
juillet 1900, 1 632 canons ;

Arzignano. — La première association pour les tirs
a été créée en Italie dans cette commune qui possède à
elle seule 200 canons. J'y ai assisté, de même qu'à Grumello del Monte, à des tirs contre des orages locaux qui
m'ont permis d'apprécier l'excellente organisation de ces
associations et la confiance que tous les viticulteurs de
ces régions ont dans l'efficacité des tirs;

Breganze. — Dans cette localité, le syndicat de tirs de
la commune, dont le principal organisateur est Mgr Scoton, a offert au délégué français, par un ciel sans nuages,
le spectacle d'une bataille en règle contre les nuages à
grêle. Plus de 1 000 coups de canons ont été tirés par les
50 stations du syndicat pour montrer la parfaite discipline des tireurs italiens. Des expériences de tir contre
une cible placée à 40 mètres au-dessus du niveau du sol
ont été organisées dans cette localité par Mgr Scotton
pour apprécier la valeur du nouveau matériel d'artillerie ;

Conegliano. — Cette ville, située dans la province de
Trévise, possède une école de viticulture où le gouvernement italien a créé également, de même qu'à Casale,
une station expérimentale pour l'étude des orages à
grêle. Conegliano est le centre de l'Association des tirs

de la province, qui comprend 41 communes avec 1 334 canons ;

Bologne. — J'ai eu le plaisir d'y rencontrer M. le Pr Bombicci, l'un des savants italiens qui se sont particulièrement occupés de la question des tirs contre la grêle, soit au point de vue scientifique, soit au point de vue pratique. A Casale, j'avais été également heureux de rencontrer M. le Pr Roberto, qui a publié récemment sur le mécanisme des orages à grêle des études et des observations fort intéressantes.

MATÉRIEL DES TIRS CONTRE LA GRÊLE

Le canon pour le tir contre la grêle comprend quatre pièces principales : le support, la chambre d'explosion, la cheminée d'échappement des gaz, le pavillon conique destiné à former et à orienter soit le projectile aérien, soit les ondes vibratoires dirigées vers le nuage à grêle.

La force d'expansion des gaz formés par la détonation de la charge (80 à 150 grammes de poudre) est, en effet, utilisée à projeter avec une grande vitesse (40 mètres à 200 mètres par seconde) la masse d'air contenue dans le pavillon conique qui fait suite à la chambre d'explosion. En même temps des ondes vibratoires prennent naissance et se propagent surtout dans la direction vers laquelle est orienté le pavillon. L'action de la colonne d'air projetée partiellement sous forme d'un tore ou anneau gazeux rendu assez souvent visible par les fumées de l'explosion paraît plus localisée que celle des ondes vibratoires formées par la détonation. Les deux actions (projectile aérien et ondes vibratoires) varient d'importance relative et absolue avec la forme et la puissance des canons.

Le *support* ou bâti sur lequel repose le canon est constitué par un trépied en fer ou en fonte, quelquefois par un chevalet en bois ou même par un simple tronc d'arbre de 0^m,50 à 0^m,60 de hauteur disposé verticalement.

La *chambre d'explosion* est constituée, tantôt par un mortier où l'allumage est provoqué par une mèche ou par une amorce au fulminate, tantôt par une culasse mobile où l'on engage une cartouche dont l'explosion est déterminée par un percuteur. A ce dernier groupe appartiennent les canons à revolver (*retrocarica*). Parmi les tireurs italiens, les uns préfèrent les retrocarica, d'autres, et le plus grand nombre, les mortiers. Diverses raisons techniques, qu'il serait trop long d'exposer ici, militent en faveur de l'un ou de l'autre système et soulèvent divers points d'expérimentation qui pourront être ultérieurement résolus. Les canons à mortier analogues à celui de Stiger, l'inventeur et le propagateur des tirs contre la grêle en Styrie, sont en général préférés pour leur plus grande robusticité. Ils donnent aussi, comme manipulation entre des mains inexpérimentées, une sécurité supérieure à celle de plusieurs modèles de retrocarica d'un mécanisme plus compliqué et sujet à dérangements.

La *cheminée d'échappement* des gaz qui fait suite à la chambre d'explosion paraît nécessaire, dans le cas de mortiers courts, à la bonne formation du projectile aérien et à la production du sifflement caractéristique (sibillo) des détonations. Sa longueur varie de 0 m, 20 à 0 m, 30, et son diamètre est en général un peu supérieur à celui de la chambre d'explosion. Le joint entre la chambre d'explosion et la cheminée doit être aussi hermétique que possible pour éviter toute déperdition des gaz. Avec les mortiers cylindriques allongés, la cheminée fait partie intégrante du mortier, qui débouche alors directement à l'intérieur du pavillon.

Le *pavillon*, qui détermine surtout la formation du projectile aérien dirigé vers le nuage à grêle, doit être formé par une tôle forte, épaisse de 0 m, 002 sur une partie de sa longueur, pour les canons à grande portée, longs de 3 à 4 mètres. Pour les canons ordinaires, de 2 mètres, l'épaisseur peut être réduite à 0 m, 0015. La tôle doit être rivée très régulièrement avec soin pour donner au pavillon une forme régulière et une solidité suffisante. Pour les canons de 2 mètres, le pavillon a la forme d'un tronc de cône avec un diamètre de 0 m, 18 à 0 m, 20 à la base et de 0 m, 55 à 0 m, 60 au sommet. Pour les canons de 4 mètres, le diamètre à la base reste le même, celui du sommet atteint 0 m, 70 à 0 m, 80.

Dans un grand nombre de canons, l'ouverture supérieure du pavillon est munie d'un rebord intérieur large de 0 m, 01 à 0 m, 03. Ce rebord n'est pas absolument indispensable ; quelques constructeurs l'ónt complètement supprimé sans que l'appareil ait perdu son efficacité et son sifflement caractéristique.

La puissance et l'efficacité des canons à grêle se mesurent jusqu'à ce jour : 1º par l'observation de l'intensité et de la durée du sifflement spécial qui succède à la détonation.

2º Par la mesure de la pression exercée à distance par la colonne d'air projetée par l'explosion. Le projectile aérien atteindrait, d'après certaines observations, une portée de 1 000 à 1 200 mètres. Dans les expériences faites devant moi à Breganze, avec le dispositif imaginé par Mgr Scotton, j'ai observé le soulèvement, à 0 m, 40 de hauteur, d'une cible, panneau de bois du poids de 100 kilogrammes, équilibré à l'extrémité d'un levier et disposé à 40 mètres au-dessus de la bouche du canon. Le canon qui a donné ce résultat est un canon de 4 mètres avec une charge de 150 grammes. De nombreuses déterminations de la force de projection de divers canons ont été faites à Breganze par Mgr Scoton. La vitesse du projectile aérien a été mesurée également par une méthode différente à Conegliano, par le Pr Ghellini, à l'aide de cibles verticales et horizontales.

EFFICACITÉ DE LA PROTECTION DES VIGNOBLES PAR LES TIRS CONTRE LA GRÊLE

L'efficacité des tirs contre la grêle en Italie, malgré quelques insuccès locaux, paraît confirmée par les observations suivantes :

Toutes les organisations de tirs contre la grêle en Italie sont dues à l'initiative privée. Ce ne sont pas des théoriciens qui se sont mis à la tête du mouvement, mais bien des viticulteurs de profession, et les premiers syndicats se sont constitués sans aucune subvention du gouvernement. Leur nombre n'a d'ailleurs cessé de s'accroître avec une extrême rapidité. Dans la province de Vicence, le premier syndicat de tir créé en Italie s'est constitué en février 1899 avec 20 canons. A la fin de la même année, la province de Vicence possédait 446 canons. Au mois de juillet 1900, M. le Pr Marconi a bien voulu me communiquer le relevé, par commune, des stations en exercice dans cette même province ; leur nombre s'élevait alors à 1 632.

La province de Brescia possédait, en juillet 1900, 1 455 canons et celle de Trévise 1 334. D'après les indications qui m'ont été fournies, on peut actuellement estimer à plus de 10 000 le nombre des canons qui défendent le vignoble italien.

La confiance dans le succès de la protection par les tirs est partagée par les simples vignerons qui, d'abord incrédules, ont constaté que la grêle ne tombait plus depuis deux ans sur des localités visitées antérieurement par le fléau plusieurs fois chaque année. Dans certaines communes de la province de Vicence, la moyenne annuelle du nombre des chutes de grêle est de deux à trois par année, et le nombre d'orages accompagnés de coups de tonnerre peut atteindre et dépasser trente pour une seule année, comme en 1900. C'est la fréquence des orages à grêle avant l'organisation des tirs qui a formé la conviction très arrêtée des vignerons italiens dans l'efficacité des tirs. A la première menace d'un orage, les artilleurs gravissent la colline, se rendent à leur poste et commencent leur tir avec une parfaite discipline et une grande régularité.

L'efficacité des tirs est encore affirmée par les cartes statistiques dressées avec beaucoup de soin par les principales associations contre la grêle. Plusieurs de ces cartes, qui m'ont été communiquées par M. le Pr Mar-

coni, à Vicence, par M. Tamaro, directeur de l'école
d'agriculture de Grumello del Monte, et par M. Sandri,
directeur de l'école d'agriculture de Brescia, montrent
très nettement, soit en 1899, soit en 1900, les dégâts de
la grêle limités à quelques centaines de mètres en avant
de la zone protégée.

Les insuccès observés sur quelques points en Italie
sont parfois venus fournir une démonstration très convaincante de l'efficacité des tirs. Dans la province de
Vicence, pendant un orage, la grêle est tombée assez
abondamment à l'intérieur de la zone protégée. Il a été
établi après enquête que les vignerons de la région
atteinte, correspondant à l'emplacement de 5 canons,
n'avaient pas tiré parce qu'ils craignaient que le tir
n'éloignât avec l'orage la pluie dont ils avaient besoin.

Une autre preuve non moins décisive de l'action réelle
des tirs sur la transformation des orages à grêle est la
chute fréquente de neige à demi fondue (*nevischio*) qui
se manifeste à la suite des tirs. Dans la province de
Brescia, il est tombé en 1899 trois fois de la neige après
les tirs : ces chutes de neige ont été constatées dans la
même province quatre fois en 1900 aux dates suivantes :
27 avril, 18 mai, 14 juin, 12 juillet. Ces chutes de neige
en juin et juillet n'avaient jamais été observées dans cette
région avant la pratique des tirs. Le 14 juin la neige est
tombée abondamment sur la ville de Brescia à la suite
des tirs exécutés dans les vignobles voisins. Les témoins
oculaires du phénomène sont donc assez nombreux pour
qu'on ne puisse le mettre en doute. A Breganze et dans
plusieurs autres localités de la même région, le 8 juillet
de cette année, la neige est tombée abondamment en
gros flocons pendant près de deux heures à la suite
des tirs.

La transformation qui s'opère dans l'aspect du nuage
à grêle sous l'action des tirs fournit encore une autre
indication de leur efficacité. Le nuage à grêle, de couleur
foncée, à bords frangés, se diffuse latéralement en blan-
chissant sous l'action des tirs, puis s'étale horizontalement
comme une brume épaisse. C'est de ce nuage transformé

que la neige tombe parfois en gros flocons représentant la matière des grêlons qui n'ont pu prendre naissance, soit que la précipitation des cristaux de glace ait été favorisée par le mélange des couches d'air provoqué par l'expansion du projectile aérien, soit que les forces moléculaires de cristallisation qui conduisent les molécules d'eau du flocon de neige à l'assemblage compact du grêlon n'aient pu obtenir leur effet, grâce à l'ébranlement provoqué par les tirs dans les couches supérieures de l'atmosphère.

Dans le cas de nuages assez rapprochés, plusieurs observateurs ont signalé la formation d'une trouée accompagnée de mouvements de diffusion latéraux correspondant au passage de chaque projectile aérien. L'efficacité de la protection semble par suite devoir être en relation avec l'énergie du mouvement d'expansion du projectile aérien soulevé vers le nuage. Plusieurs inventeurs italiens se sont déjà préoccupés de substituer au projectile aérien un projectile réel constitué par une bombe explosible dont l'éclatement aurait lieu au sein du nuage. On obtiendrait ainsi des gaz de l'explosion le maximum d'effet. Malgré la difficulté de régler la hauteur de l'explosion du projectile et surtout d'apprécier la hauteur des nuages à atteindre, plusieurs savants spécialistes italiens en matière de tir pensent que le matériel d'artillerie subira l'année prochaine une évolution partielle vers cette transformation.

CONDITIONS DANS LESQUELLES IL CONVIENDRAIT D'APPLIQUER EN FRANCE LA MÉTHODE DES TIRS GÉNÉRALISÉE EN ITALIE

D'après les récentes évaluations de l'Association générale des tirs de la province de Vicence, la défense d'un hectare de vigne pour un syndicat suffisamment étendu n'entraînerait que des frais assez réduits, estimés à 5 francs par hectare pour la première année d'installation et à 2 francs par hectare pour les années suivantes. Or les compagnies d'assurance contre la grêle demandaient, dans la même région, une prime annuelle atteignant 14 à 20 pour 100 de la récolte assurée. Pour des vignobles comme celui d'Arzignano, dont le produit brut dépasse 2 000 francs à l'hectare, les frais de protection par l'assurance s'élevaient au chiffre de 240 à 400 francs par hectare. On comprendra facilement, d'après ces données, avec quel enthousiasme la nouvelle méthode de protection s'est généralisée en Italie depuis ces deux dernières années.

Il semble donc que, si l'efficacité des tirs continue à se confirmer en Italie, cette méthode de protection puisse s'appliquer en France à un assez grand nombre de vignobles où les grêles, moins fréquentes qu'en Italie, déterminent cependant des pertes assez importantes.

Toutefois, malgré les résultats très encourageants obtenus pendant ces deux dernières années 1899 et 1900 en Italie, on ne saurait trop mettre en garde les viticulteurs français contre un enthousiasme exagéré tendant à la trop rapide généralisation de la méthode italienne dans notre vignoble dont les conditions climatériques ne sont pas en tous points exactement semblables à celles de la région montagneuse de la haute Italie. Dans les provinces où le succès a été le plus grand, les orages locaux sont la règle ; les orages généraux sont l'exception, et l'on a observé dans la vallée du Pô, où pénètrent plus fréquemment les orages généraux, que la protection était plus difficilement assurée dans les conditions actuelles de l'organisation des tirs.

La trop rapide généralisation des tirs en France pourrait être, à notre avis, préjudiciable au succès de l'application de cette méthode de protection comme elle l'a été sur quelques points en Italie, dans les provinces de Vérone et de Padoue. Pour obtenir une protection efficace, il faut surtout une bonne organisation des stations syndiquées qui ne doivent pas être isolées, mais groupées régulièrement, sans que la distance de deux stations voisines puisse excéder 500 à 600 mètres. Lorsque les orages pénètrent dans le vignoble par une direction déterminée, les canons doivent être disposés à 400 ou 500 mètres en avant de la zone à défendre dans la direction d'où viennent les nuages à grêle. Le tir doit en outre être exécuté avec ensemble et avec une grande discipline de la part des artilleurs.

Je suis persuadé, Monsieur le Ministre, qu'il y aurait un grand intérêt à ce que le gouvernement français favorisât la création d'une ou de plusieurs associations de défense par les tirs dans chacune des principales régions viticoles. Ces associations, auxquelles votre Ministère s'intéresserait par une subvention, comme cela a été fait pour celle de Denicé, permettraient un *contrôle officiel* des résultats obtenus chaque année et, en donnant l'exemple d'une bonne et complète organisation, éviteraient aux viticulteurs français des tâtonnements et des dépenses inutiles.

Il serait également utile de créer, à l'exemple du gouvernement italien, une station expérimentale pour l'étude du nouveau matériel de tir et pour l'examen des diverses questions se rattachant à la pratique des tirs. Cette station expérimentale pourrait être rattachée à une école d'agriculture, comme on l'a fait en Italie pour l'École de viticulture de Conegliano. Les frais de cette création se borneraient d'ailleurs à l'acquisition de quelques canons correspondant aux meilleurs types créés en Italie et en France, afin que les viticulteurs français puissent être renseignés plus facilement sur les avantages ou les défectuosités de tel ou tel modèle. Ce même matériel servirait en même temps à poursuivre divers essais intéressant la pratique des tirs. La balistique nouvelle a déjà soulevé un grand nombre de problèmes dont la solution intéresse directement les praticiens ; mais ces recherches ne peuvent être utilement poursuivies que dans des stations déjà pourvues du matériel scientifique nécessaire et possédant en même temps une organisation spéciale pour l'étude des conditions météorologiques de l'atmosphère.

Tels sont, Monsieur le Ministre, les principaux résultats de la mission d'étude que vous avez bien voulu me confier; je me propose de publier dans quelques mois une relation plus détaillée des diverses observations qu'il m'a été donné de faire en Italie sur la pratique des tirs contre la grêle en utilisant les nombreux documents qui m'ont été communiqués avec une grande obligeance par les viticulteurs et par les professeurs italiens, qui se sont plus spécialement occupés de cette intéressante question.

Je ne saurais terminer ce rapport, Monsieur le Ministre, sans vous signaler le concours précieux qui m'a été donné tant pour l'organisation de mon itinéraire que pour la réalisation de ma mission, par M. Ottavi, député au Parlement italien et l'un des premiers promoteurs de la méthode de protection par les tirs contre la grêle.

Je ne saurais également passer sous silence l'accueil si sympathique que j'ai reçu de la Chambre d'agriculture de la province de Vicence, de l'École de viticulture de Conegliano, du Conseil municipal et de l'Association de tir de la commune de Breganze, aussi bien que du Comité de l'Association d'Arzignano. Je serais heureux si vous vouliez bien également, Monsieur le Ministre, transmettre officiellement au Ministère de l'agriculture d'Italie les sincères remerciements du délégué français à MM. les directeurs et professeurs des écoles d'agriculture et à MM. les professeurs d'agriculture des provinces pour l'aimable accueil qu'ils lui ont réservé et pour les facilités qu'ils lui ont données pour rassembler les principaux matériaux du présent rapport.

Je serais heureux si j'avais pu, grâce au concours de tant de bonnes volontés, répondre à la confiance dont vous avez bien voulu m'honorer en me chargeant de cette mission, et je vous prie, Monsieur le Ministre, de vouloir bien agréer l'expression de mes sentiments respectueux et dévoués.

———

ANNEXE III

CONGRÈS INTERNATIONAL DES ASSOCIATIONS DE TIR
CONTRE LA GRÈLE, TENU A PADOUE, 25-27 NO-
VEMBRE 1900.

Rapport adressé au Ministère de l'agriculture par
M. HOUDAILLE, professeur à l'École d'agriculture
de Montpellier.

Le congrès des associations de tir contre la grêle a
réuni à Padoue, dans les journées du 25 au 27 novembre
dernier, plus de 1 000 congressistes venus des diverses
régions de l'Italie et de l'étranger. Les séances, tenues
dans la salle de la *Gran Guardia* trop étroite pour recevoir tous les congressistes, ont été suivies par une
assistance régulière de plus de 600 personnes. La séance
d'ouverture a été présidée par M. Rava, sous-secrétaire
d'État à l'agriculture.

Le comité d'organisation du congrès, réuni sous la présidence d'honneur de M. Moschini, maire de Padoue,
avait pour présidents M. E. Ottavi, député au parlement
italien, et M. Colpi, président du comice agraire de Padoue.

Après les discours d'inauguration de M. Rava, sous-
secrétaire d'État au ministère de l'agriculture et de
M. E. Ottavi, président du comité d'organisation, le bureau du congrès a été constitué comme suit :

PRÉSIDENCE D'HONNEUR :

MM. Alessio, député de Padoue.
Bombicci, professeur à l'Université de Bologne.
Manacorda, maire de Casale.
Pernter, directeur du bureau central météorologique de Vienne.
Houdaille, délégué du Ministère de l'agriculture de France, professeur à l'École d'agriculture à Montpellier.
Osc. Raum, professeur délégué de l'Institut météorologique de Budapest.

PRÉSIDENCE EFFECTIVE :

M. le Pr Alpe, professeur à l'École supérieure d'agriculture de Milan.

VICE-PRÉSIDENCE :

MM. de Asarta, député.
Bordiga, député.
Poggi, directeur de la chaire d'agriculture de la province de Vérone.
Dr J. Bersh, professeur.
Valerio, avocat à Trieste.
Canciani, député de la province d'Istrie.
Battanchon, délégué de la Société de viticulture du Rhône.
Guinand, président de l'Association de tir de Denicé.
Durand, directeur de l'École d'agriculture d'Ecully.
Gruber, professeur d'agriculture de la province de Padoue.

Les séances du congrès ont été consacrées à la lecture

et à la discussion des rapports présentés sur l'efficacité des tirs dans les diverses provinces de l'Italie et de l'étranger. Un grand nombre de congressistes ont pris part à la discussion soit pour confirmer les observations résumées par les rapporteurs, soit pour signaler des faits nouveaux, les uns favorables, les autres défavorables à la pratique des tirs. A la fin de chaque rapport, les conclusions du rapporteur ont été discutées, mises aux voix et adoptées le plus souvent après diverses modifications, de telle sorte qu'elles représentent plus exactement l'opinion générale de l'assemblée plutôt que l'avis personnel du rapporteur. Le programme des séances du congrès est résumé dans l'ordre du jour suivant :

PREMIÈRE PARTIE

I. — Résultats obtenus en Autriche par les tirs contre la grêle. Rapporteur : G. Suschnig, de Gratz.

II. — Résultats obtenus en Hongrie. Rapporteur : Dr Oskar Raum, premier assistant à l'Institut central météorologique de Budapest.

III. — Résultats des tirs en France et en Espagne. Rapporteurs : MM. A. Guinand, vice-président de l'Union des syndicats agricoles du Sud-Est, et V. Vermorel, directeur de la station viticole de Villefranche.

IV. — Résultats des tirs en Piémont. Rapporteur : M. Rizzo, professeur à l'Université de Pérouse, directeur de la Station d'études pour les orages à Saint-Georges-Montferrat.

V. — Résultats des tirs en Lombardie. Rapporteurs : MM. Tamaro, directeur de l'École d'agriculture de Grumello del Monte, et Sandri, directeur de l'École d'agriculture de Brescia.

VI. — Résultats des tirs en Vénétie. Rapporteurs : MM. Pochetino, directeur de la Station d'études pour les orages à Conegliano et Arina, directeur de l'École d'agriculture de Brusegana.

VII. — Résultats des tirs dans les autres provinces

d'Italie. Rapporteurs : MM. Raineri, directeur de la Fédération des syndicats agricoles de Plaisance, Zago et Marenghi, professeurs d'agriculture de la province de Plaisance.

VIII. — Technique des appareils et discipline des tirs. Rapporteur : M. Roberto, proviseur des Études de la province d'Alexandrie.

IX. — Résumé de la discussion des rapports précédents dans le but de déterminer les règles qui devront être proposées au jury pour l'examen et le classement des canons soumis au concours. Rapporteur : M. Poggi, directeur de la chaire d'agriculture de Vérone.

DEUXIÈME PARTIE

X. — Partie économique des tirs contre la grêle. Rapporteur : Mons. Scotton de Breganze.

XI. — Service de prévision du temps et transmission des télégrammes météorologiques. Rapporteur : M. le comte Citadella Vigordarzère, président de la Société météorologique italienne.

XII. — Déductions pour la science des expériences de tir faites en 1900. Rapporteur : M. le Pr Marangoni, de Florence.

XIII. — Les tirs contre la grêle dans leurs rapports avec les compagnies d'assurances. Rapporteur : M. Rapeti, avocat à Casale.

XIV. — Opportunité des dispositions législatives spéciales réglant la matière des tirs contre la grêle et la constitution des Associations de tir. Rapporteur : M. Schiratti, avocat, ancien député.

CONFÉRENCE

Le 26 novembre, à 8 heures du soir, a eu lieu dans la salle du congrès une conférence très suivie donnée sous le titre : *Nouvelles considérations sur la constitution physique de la grêle*, par M. L. Bombicci, professeur à l'Université de Bologne.

M. Bombicci après avoir expliqué comment l'intervention des forces moléculaires de cristallisation peut donner rapidement naissance dans le cas de la congélation de l'eau à des individus cristallins semblables aux grêlons expose les différentes hypothèses que l'on peut invoquer pour légitimer le transport d'une action mécanique des canons jusqu'aux nuages à grêles. Il rappelle notamment que dans le cas de l'explosion d'une torpille sous-marine il y a projection verticale d'une masse d'eau assez limitée qui est soulevée dans la direction de moindre résistance au mouvement. Une transmission de mouvement un peu analogue doit se produire dans le tir des canons et pour M. Bombicci la propagation de l'ébranlement provoqué par la détonation et orienté par le pavillon des canons aurait une part prépondérante dans la destruction des nuages à grêle. M. Bombicci croit que les tirs seraient rendus plus efficaces, si à l'aide de bombes explosives, on rapprochait le centre d'ébranlement des parties de l'atmosphère où la grêle prend naissance.

LE CONGRÈS DE PADOUE ET L'EFFICACITÉ DES TIRS

Le Congrès de Padoue, après avoir entendu l'exposé des divers rapports et les dépositions des divers congressistes relatives à l'efficacité des tirs, a adopté à la presque unanimité la première partie de l'ordre du jour de M. le Pr Porro, directeur de l'Observatoire astronomique de Turin. Cette première partie sur laquelle le Congrès a affirmé sa confiance dans l'efficacité des tirs contre la grêle est ainsi conçue :

Le Congrès, après avoir entendu les relations et les successives discussions sur les résultats des tirs obtenus pendant la courante année en Italie et au dehors, retient démontrée d'une manière irréfragable de l'ensemble de toutes les notices obtenues la grande efficacité des tirs contre la grêle.

Cet ordre du jour a été confirmé dans une séance ultérieure par le vote de l'ordre du jour présenté par M. Poggi, directeur de la chaire d'agriculture de la province de Vérone et président du jury pour l'examen et le classement des appareils de tir.

Le premier paragraphe de l'ordre du jour Poggi, adopté par le Congrès, est ainsi conçu :

La campagne grandinifuge de 1900 en Italie, en Autriche, en Hongrie, en France et en Espagne a confirmé les bons résultats obtenus en 1899, sauf de partiels insuccès explicables par l'imperfection de la construction technique des pièces d'artillerie ou du mode de tir ou de l'installation des stations ou par l'extraordinaire violence de certains orages à grêle.

Ces conclusions générales du congrès de Padoue, très favorables à l'efficacité des tirs, ne sont pas en complet accord avec les conclusions personnelles des divers rapporteurs du congrès et je crois utile de rappeler ici successivement les conclusions de chacun des rapports présentés au congrès. Je ferais remarquer en outre, pour expliquer certaines discordances observées dans ces conclusions, que le milieu scientifique ou agricole auquel s'est trouvé mêlé le rapporteur semble avoir modifié, non pas sans doute la nature des faits observés, mais l'interprétation plus ou moins favorable à l'efficacité des tirs que l'on peut déduire de ces faits. Les deux rapports présentés par MM. Rizzo et Pochetino, délégués du ministère de l'agriculture d'Italie, pour recueillir les phénomènes observés dans les tirs contre la grêle sont dans leurs conclusions beaucoup moins favorables à l'efficacité des tirs que les relations présentées par les autres rapporteurs, directeurs des Écoles d'agriculture ou professeurs d'agriculture des provinces. La rigueur de l'observation scientifique poussée à ses dernières limites ne permet pas de tenir un fait pour vrai tant qu'il n'est pas établi par un nombre infiniment grand d'observations concordantes. Cette grande réserve scientifique est surtout de rigueur lorsque les relations qui peuvent exister entre la cause et l'effet sont difficilement explicables : tel est précisément le cas, jusqu'à ce jour, pour l'action des tirs sur la formation de la grêle.

Dans la seconde partie de son ordre du jour, M. le Pr Porro, directeur de l'Observatoire astronomique de Turin, avait proposé de déclarer l'efficacité des tirs contre la grêle comme l'équivalent d'un fait scientifique démontré par la concordance d'un grand nombre d'observations.

M. Pernter, directeur du bureau central météorologique de Vienne, appelé à exprimer son avis personnel sur cette question, a formulé son opinion de la manière suivante : Vous avez exécuté un grand nombre de tirs contre la grêle : voilà un premier fait scientifique. La zone protégée par les canons a un grand nombre de fois été épargnée, tandis que la grêle ravageait les surfaces voisines : voilà un deuxième fait scientifique. Mais dire que le tir du canon empêche la grêle de tomber, ce n'est pas encore un fait scientifique.

On comprendra facilement que les agriculteurs praticiens du Nord de l'Italie soient moins difficiles sur les caractères philosophiques d'un fait scientifique et qu'ils admettent comme démontrée l'*efficacité pratique* des tirs contre la grêle, lorsqu'à la suite de très nombreux tirs la chute de la grêle a été supprimée dans le périmètre protégé ou encore lorsque les dégâts dans la zone défendue ont été beaucoup plus faibles qu'en dehors de cette même zone.

CONCLUSIONS DES DIVERS RAPPORTS

Les tirs en Autriche. — M. Suschnig rapporte que l'emploi des petits canons à faible charge a donné en Styrie des résultats incertains, mais que les grands canons ont permis à Windisch Feistritz une préservation complète de la grêle depuis 1896. Le gouvernement de la Styrie a organisé à Windisch Feistritz une expérience officielle de 40 grands canons (canons de 4 mètres, charge de 180 grammes) dont la direction et le contrôle sont confiés à M. le colonel Szutsek. Cette station a combattu,

en 1900, 29 orages dont 3 ont apporté de la grêle jusqu'à
la limite de la zone protégée. Un rapport sera prochainement publié par M. le colonel Szutsek sur le résultat de
cette expérience officielle pour l'année 1900. M. Suschnig
rend compte des expériences qu'il a poursuivies avec M.
Pernter sur la portée et la vitesse du projectile gazeux
lancé par les appareils de tirs. Ces observations assignent
à l'anneau projectile une portée maxima de 300 à 400
mètres pour une charge de 180 grammes de poudre. Avec
cette charge et pour les premiers 100 mètres la vitesse
moyenne de l'anneau en tir vertical serait de 50 mètres
environ par seconde. La portée du projectile a été déduite
du calcul des diminutions observées dans les vitesses entre 0 et 100 mètres; elle n'a pas encore été mesurée avec
précision par une observation directe. L'observation faite
en ballons captifs n'a pas donné encore de résultat satis-
faisant pour fixer la valeur d'un élément très important
pour la pratique des tirs.

M. Suschnig conclut en disant qu'il y a lieu de chercher à éclaircir les effets encore inconnus des tirs et qu'il
sera besoin pour cette œuvre de l'aide de la science et du
gouvernement; de la science pour suggérer les moyens
d'étude et du gouvernement pour prêter à l'expérimentation un concours moral et matériel. Le gouvernement
autrichien a demandé récemment à MM. Stiger et Suschnig un rapport sur l'organisation des champs d'expérience
et de contrôle pour l'efficacité des tirs contre la grêle.

LES TIRS EN HONGRIE

M. O. Raum, premier assistant à l'Institut royal météorologique de Budapest, constate que les résultats de
cette année en Hongrie, là où les tirs ont été bien organisés, sont très favorables. Un rapport sur la campagne
grandinifuge de 1900 sera prochainement publié dans le
Bulletin du ministère de l'agriculture de Hongrie.

M. Raum ne croit pas toutefois pouvoir se prononcer
définitivement sur l'efficacité des tirs car on ne saurait

à cet égard recommander trop de prudence. Il croit qu'il y aurait un grand intérêt pour les observations ultérieures poursuivies sur l'efficacité des tirs à placer les stations de tir sous la direction d'une personne très compétente et très expérimentée en cette matière. M. Raum recommande également à l'attention des agriculteurs les études entreprises sur les nouveaux explosifs que l'on pourrait substituer à la poudre ordinaire.

LES TIRS EN FRANCE

M. A. Guinand, vice-président de l'Union des syndicats agricoles du Sud-Est après avoir rapporté plusieurs exemples de protection réalisés par les tirs à Denicé et sur divers points de la France, déclare que si l'on ne peut pas conclure à une protection assurée dans tous les cas possibles on ne saurait nier que les résultats obtenus cette année ont une grande importance et constituent une indication sérieuse pour l'avenir. Il constate l'enthousiasme des vignerons du Beaujolais pour l'application de la nouvelle méthode qui se répandra dans les communes voisines de Denicé à la suite des résultats encourageants observés cette année.

MM. Vermorel et Gastine ajoutent que tous ceux qui ont organisé en France ou en Espagne les stations de tir ont retiré une bonne impression de leurs premières expériences et se disposent à les continuer l'année prochaine avec la meilleure espérance de succès.

LES TIRS DANS LE PIÉMONT

M. le Pr Rizzo, directeur de la station d'études pour les orages à grêle à Saint-Georges-Montferrat, conclut que les observations scientifiques faites cette année à Saint-Georges, ne confirment pas complètement les hypothèses invoquées pour expliquer l'action des tirs sur les nuages à grêle.

Les tirs n'ont paru provoquer aucune variation de la température et de la pression de l'atmosphère.

Des chutes de foudre ont été observées pendant les · tirs à l'intérieur du périmètre protégé.

M. Rizzo a mentionné dans son rapport plusieurs cas de transformation de la grêle à la suite des tirs en gros flocons de neige atteignant parfois le diamètre d'un écu et se déposant lentement sur les feuilles de la vigne sans leur causer aucun dommage. Ce phénomène a été observé pendant l'évolution d'un orage à grêle très violent le 3 juillet 1900 tant à Pecetto Torinèse qu'à Montcalieri.

M. Rizzo signale aussi, comme un fait d'observation assez fréquent, l'arrêt des nuages orageux en face de la zone défendue, puis leur éloignement vers la droite ou vers la gauche des stations de tir.

M. Rizzo signale un grand nombre d'observations dont plusieurs peuvent être interprétées très favorablement pour l'efficacité des tirs, mais l'honorable rapporteur, qui a déjà fait observer que la défense par les canons ne reposait pas, comme celle des gelées de printemps par les nuages artificiels, sur un principe scientifique bien démontré, termine son rapport par des réserves très accentuées sur la possibilité de formuler une opinion sur l'efficacité des tirs. Dans un argument si difficile et de tant d'importance, je crois, ajoute-t-il, que les faits recueillis et bien vérifiés jusqu'à ce jour ne sont pas encore suffisants pour répondre au problème de l'efficacité des tirs. Aussi je fais des vœux, pour l'amour de l'agriculture et pour l'amour de la science, pour que les expériences et les observations déjà entreprises soient continuées en y ajoutant le fruit de l'expérience déjà faite.

LES TIRS EN LOMBARDIE

Le rapport de M. le Pr Tamaro, directeur de L'École d'agriculture de Grumello del Monte, est très favorable à l'efficacité des tirs.

Parmi les cas de protection les plus démonstratifs
signalés par M. Tamaro nous rapporterons les suivants :

Pendant l'orage à grêle du 16 mai 1900 qui a traversé
de 6 heures à 11 heures du soir toute la province de
Bergame, le territoire défendu fut atteint par la grêle à
la limite des communes de Gandosso et de Grumello,
sur un point où 4 canons sur les 5 canons placés en
première ligne étaient restés inactifs en l'absence de
leurs artilleurs que la violence de l'orage avait empêchés
de rejoindre leurs postes. Mais à mesure que l'on se
rapprochait du centre du périmètre défendu et à moins
de 500 mètres à l'intérieur les dégâts devinrent insigni-
fiants ; sur les stations de tir placées au centre du consortium, il tomba de la grêle molle. Le lendemain matin,
vers 10 heures, M. Tamaro pouvait observer une épaisseur
de grêle de 30 centimètres autour des canons restés
inactifs pendant la bataille. La commune de Chiuduno
limitrophe de celle de Grumello et non défendue a
éprouvé ce même jour des dégâts estimés à 70 pour 100.

A Rongeno, province de Côme, le 4 août 1900, un
violent orage venant de Côme s'avance vers cette commune et déjà la grêle commençait à tomber grosse
comme de petites noix quand les artilleurs commencèrent
le feu. Après quelques minutes d'un vigoureux bombardement, la grêle cessa de tomber et l'on vit descendre
du nuage orageux de larges flocons de neige qui ne
tardèrent pas à fondre en touchant la terre.

Le 8 août, pendant un orage qui s'est étendu sur tout
le territoire du consortium d'Albizzate, un canon, celui
de Monte Cascina, resta inactif. La grêle tomba tout
autour de lui sur un cercle de près de 1 kilomètre de
diamètre, enlevant la moitié de la récolte.

Après avoir signalé plusieurs autres faits très significatifs, M. Tamaro conclut: « Il n'est pas besoin de se dis-
simuler la responsabilité qu'assume un rapporteur en
prenant nettement parti dans une question aussi importante et qui réclame de longues observations et une critique scientifique sévère. Mais les faits contrôlés cette
année par des milliers de stations ne peuvent que confir-

mer notre pleine confiance dans ce moyen de défense.
Je voudrais qu'aucun doute ne puisse subsister encore
après ce congrès sur l'efficacité des tirs. Je désire seulement que les expériences et les recherches scientifiques
viennent rendre toujours plus efficace ce système de protection. »

Le rapport de M. Sandri, directeur de l'École d'agriculture de Brescia, n'est pas moins affirmatif sur l'efficacité des tirs. M. Sandri a rapporté de nombreuses
observations de chute de grêle molle (nevischio) déterminée par les tirs ; il a signalé la cessation immédiate
des coups de tonnerre après les premiers tirs et la transformation, plusieurs fois observée, du nuage orageux à
bords frangés qui se transforme en une brume blanchâtre
à la suite des tirs. M. Sandri demande comme conclusion
de la démonstration de l'efficacité des tirs obtenue en
Lombardie le vote d'une loi tendant à rendre la défense
par les tirs obligatoire lorsqu'elle sera demandée par la
majorité des intéressés.

LES TIRS EN VÉNÉTIE

M. Pochetino, directeur de la station d'Études pour
les orages à grêle créée en 1900 par le ministère de
l'agriculture à Conegliano, après avoir rapporté un grand
nombre de faits relatifs à l'action des tirs sur la formation de la grêle les divise en 5 catégories.

1re catégorie : Malgré les tirs réguliers la grêle est tombée dans le périmètre protégé causant une perte supérieure à 10 pour 100 de la récolte.

2e catégorie : La grêle est tombée dans le périmètre
protégé mais on a tiré irrégulièrement.

3e catégorie : On a tiré et il est tombé très peu de
grêle sans dégât tant en dedans qu'en dehors de la zone
défendue.

4e catégorie : On a tiré ; il n'est pas tombé de grêle
dans la zone protégée, mais les localités situées en dehors du périmètre défendu ont été fortement grêlées.

5e catégorie : On a tiré irrégulièrement et autour des stations de tir qui ont le mieux tiré, les dégâts ont été plus faibles.

A la première catégorie appartiennent les faits observés à Volpago 22 juin où malgré 2 250 coups de canon un étroit sillon de grêle a traversé le territoire défendu. De même à Monastier 10 et 11 août les 100 stations ont tiré 1/2 heure avant l'orage et malgré 6 000 coups de canon avec charge de 80 à 150 grammes l'orage, d'une violence exceptionnelle, a dévasté cette commune avec pertes atteignant 90 à 100 pour cent.

A la 2e catégorie se rapportent les défenses des communes de Mogliano 25 mai, Collabrigo 30 juillet, Castello di Godego 11 août, Castel franco 11 août, Crespano et Mogliano 11 août.

Dans la 3e catégorie rentrent les observations de Paderoba, Tanaro 8, 15, 25 mai ; Gaerano, Volpago 22 juin ; Vazziola, 18 juin ; Fontanelle, Spreziano, Salgareda, Monastier, 8 juillet ; Cavaso, 11, 21, 23 juillet.

A la 4e catégorie appartiennent les succès de Mogliano 18 juin ; Conegliano 26 juin, Castel Franco 8 juillet, Monastier 7 août, Villorba 11 août.

Enfin dans la 5e catégorie prennent place les succès relatifs de Gajarine, 8 juillet, Losson du Molo, 11 août.

Après avoir exprimé divers vœux tendant à faciliter la constitution des associations de tir et la meilleure organisation de la défense, M. Pochetino se retranche derrière la difficulté que présente l'affirmation scientifique de l'efficacité des tirs et conclut : Comme il n'existe pas encore une théorie de la grêle qui par sa complète correspondance avec les faits observés puisse être universellement acceptée, et comme il résulte de récentes recherches que l'action des tirs contre la grêle est toujours plus inexplicable, il me semble que l'on ne peut parler au point de vue scientifique de l'efficacité des tirs, mais que cette efficacité sera démontrée *pratiquement vraie* seulement par une statistique sérieuse, faite avec soin et impartialité à l'aide d'observations recueillies pendant plusieurs années.

Dans la même région, Vénétie, et plus spécialement dans les provinces de Padoue, Vérone, Vicence et Venise, M. le Pr Arina, directeur de l'École d'agriculture de Susegana, a rapporté un grand nombre de faits favorables à l'efficacité des tirs. Il conclut de ces faits que s'il ne lui est pas possible d'arriver à l'affirmation précise de l'efficacité donnée par M. le Pr Marconi, parce qu'il connaît moins bien que lui les résultats de chacun des tirs réalisés dans cette région, il estime cependant que cette pratique des tirs, qui a tous les défauts et les incertitudes des nouveautés appliquées à des intérêts généraux, est appelée à un réel avenir. Il croit que lorsque les modes d'application de cette méthode de défense seront mieux étudiés, les tirs contre la grêle représenteront un procédé efficace pour conjurer l'un des plus grands fléaux de l'agriculture. M. le Pr Arina insiste pour que l'on cesse de former de nouveaux syndicats de tir mais pour que l'on complète et que l'on améliore les organisations déjà créées; il propose en outre la création de champs d'expérience dans les régions les plus fréquemment visitées par la grêle en Piémont, en Lombardie et en Vénétie afin d'obtenir un contrôle encore plus assuré de la réelle efficacité des tirs contre la grêle.

LES TIRS DANS LES AUTRES PROVINCES DE L'ITALIE

MM. Zago et Marenghi, après avoir rapporté plusieurs faits favorables à la démonstration de l'efficacité et expliqué divers insuccès par la mauvaise organisation de la défense, présentent les conclusions suivantes :

Des observations recueillies, il résulte que les résultats obtenus par le tir des canons grandinifuges pendant cette seconde année sont dans leur ensemble *très satisfaisants*. Ils nous apprennent que lorsque l'installation des stations de tir sera faite d'une manière rationnelle et lorsque les artilleurs commenceront à temps les tirs et les exécuteront avec méthode la réussite des tirs tels qu'ils sont pratiqués aujourd'hui, pourra être retenue comme assurée tout au moins dans les cas des orages le plus communs. »

Les insuccès partiels très peu nombreux survenus dans les circonstances indiquées dans notre rapport confirment cette assertion. Les phénomènes constamment observés dans presque toute la zone défendue, chute de grêle molle (nevischio) diminution de certains phénomènes électriques, déviation de certains orages, division des nuages orageux, explicables avec l'action perturbatrice des tirs concourent à faire retenir que la pratique des tirs contre les orages à grêle est appuyée sur des bases solides. »

MM. Zago et Marenghi ne se prononcent pas sur l'efficacité des tirs pour combattre les orages d'une violence exceptionnelle.

Telles sont les principales indications données par le congrès de Padoue sur l'efficacité des tirs. Je me suis efforcé de les compléter en recueillant l'opinion personnelle d'un grand nombre de viticulteurs italiens qui ont fait depuis deux ans l'expérience de cette méthode de protection. J'ai obtenu également la communication de diverses cartes établissant la suppression du rayon de grêle aux abords immédiats du territoire défendu. Quelques-unes de ces cartes établies par M. le Pr Marconi, directeur de la chaire d'agriculture de la province de Vicence montrent l'existence de chutes de grêle localisées à l'intérieur du périmètre défendu sur les points où des canons sont restés inactifs pendant l'orage.

Tel est le fait particulièrement mis en évidence par la carte du consortium de tirs d'Arzignano (fig. 62). Cette association assure la défense d'un territoire de forme elliptique mesurant 15 kilomètres selon le grand axe et 11 kilomètres selon le petit axe de la zone protégée. En 1899, le territoire défendu, 13 000 hectares environ, a été bordé à l'Ouest sur près de la moitié de son pourtour par une abondante chute de grêle (A); vers son milieu, un groupe de 3 canons restés inactifs pendant l'orage, détermine en ce seul point une chute de grêle (B) qui s'interrompt au voisinage des canons en activité pour réapparaître en dehors de la zone protégée par les tirs (C). En 1900, un fait analogue a été observé. Un orage marchant du Nord au Sud traverse le territoire du consortium et distribue la grêle sur deux faibles enclaves (D, E) correspondant à deux points où des canons n'avaient pu fonctionner. Dans l'une de ces taches de grêle on observe un point blanc indemne ; il correspond à l'emplacement d'un canon en activité.

Une seconde carte semble démontrer la possibilité de défendre un vignoble par un groupe isolé d'une dizaine de canons (fig. 63). Ce vignoble (Campiglia de Berici), (A, B, C, D) est situé en dehors de la zone du consortium de Lossano, Toara, Villaga,

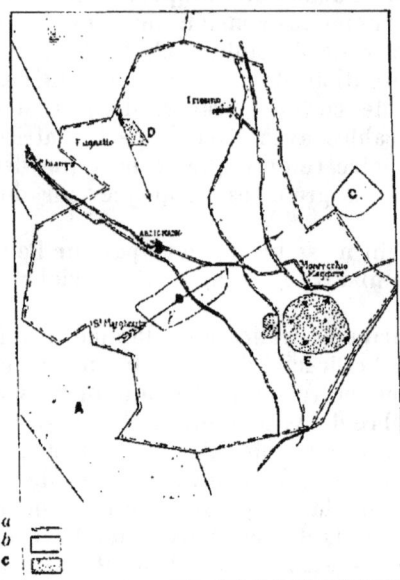

FIG. 62. — Association de tirs d'Arzignano.

a, limites de l'Association de tirs ;
b, chutes de grêle en 1899 ;
c, chutes de grêle en 1900.

Barbarano, dont la limite vers l'Est est M, N, O, P. Un orage à grêle venant du Nord-Ouest, après avoir traversé en le respectant le territoire du consortium précédent donne naissance à une chute de grêle très meurtrière couvrant une vaste enclave dans laquelle est compris le vignoble de Campiglia. Celui-ci défendu par 11 canons reste complètement indemne ; tout autour les dégâts atteignent 90 à 95 pour 100. Un seul angle du vignoble (angle D) est grêlé avec perte de 95 pour 100 ; cet angle correspond à l'emplacement d'un canon resté inactif pendant l'orage dont la violence l'avait renversé.

Il résulte de l'ensemble des faits que j'ai pu recueillir que si l'efficacité des tirs n'est pas complète ou même n'existe pas avec le matériel de tir actuel pour des orages d'une violence tout à fait exceptionnelle, cette efficacité paraît au contraire pratiquement démontrée dans le cas d'un grand nombre d'orages à grêle.

Si l'absence d'une théorie scientifique parfaitement concordante avec les faits observés rend très difficile la démonstration scientifique de l'efficacité des tirs, on peut toutefois faire remarquer que plusieurs phénomènes en relation avec la formation de la grêle, diminution de l'intensité des manifestations électriques, chute de neige ou de grêle molle sur le périmètre défendu paraissent aujourd'hui confirmés par de très nombreuses observations.

D'après les indications données par le Président du

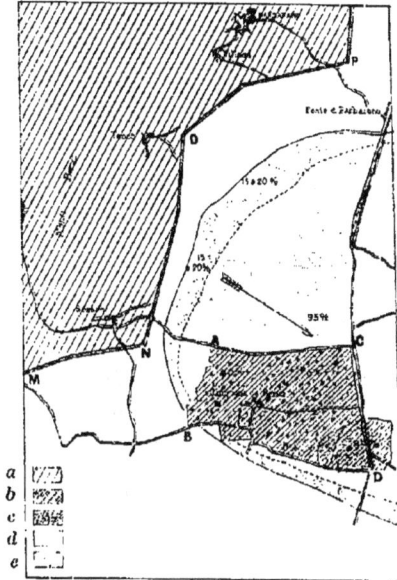

Fig. 63. — Vignoble de Campiglia de Berici.

a, zone protégée du consortium de Possano, Taara, Barbarano.

b, zone indemne du vignoble de Campiglia de Berici.

c, zone grêlée du vignoble de Campiglia de Berici.

d, zone non défendue : grêle avec 60 à 95 pour 100 de pertes.

e, zone non défendue : grêle avec 15 à 20 pour 100 de pertes.

congrès, le nombre des stations de tir s'est élevé en 1900 en Italie à 10 000 environ ; il a été tiré par les mêmes stations environ 9 500 000 coups de canon.

MATÉRIEL ET ORGANISATION DES TIRS

Le congrès n'a pas voulu se prononcer sur les caractères que devait présenter un canon pour assurer aux tirs leur maximum d'efficacité. Voici à ce sujet les décisions adoptées par le Congrès après avoir affirmé l'efficacité des tirs.

« Étant donnée l'incertitude dans laquelle on se trouve encore à propos de la formation de la grêle, du mode d'action des tirs, de la valeur des appareils, il n'est pas encore le moment de faire une large propagande pour l'organisation générale des stations de tir sur un seul modèle, quoique nous puissions en prévoir le moment bien prochain.

« On doit en attendant encourager toutes les initiatives locales orientées vers ce but, même si elles se dirigent par des méthodes différentes. *On doit par-dessus tout améliorer et renforcer l'œuvre des associations de tir déjà constituées.*

« Quant aux bases d'appréciation que devra adopter le jury pour juger les appareils de tir exposés, le congrès accepte celles qui seront indiquées par le jury. Celui-ci devra s'inspirer des résultats obtenus dans le présent congrès.

« Le congrès fait des vœux pour que le ministère de l'agriculture et celui de la guerre organisent et continuent les expériences confiées à des officiers de l'armée et à d'autres personnes compétentes dans le but de répéter les essais de MM. Pernter et Trabert et de déterminer l'action vraie des appareils de tir contre la grêle aussi bien que les qualités à demander aux nouveaux appareils.

« Le congrès fait également des vœux pour qu'il s'éta-

blisse une marque d'épreuve des canons et que la vente
de ces derniers ne soit pas permise s'ils n'ont pas été
essayés au banc d'épreuve ; il fait également des vœux
pour que si le gouvernement peut continuer la fourniture
de la poudre aux syndicats de tir il soit fourni *un seul
type de poudre* de puissance à peu près constante. »

En conformité avec les décisions précédentes, le jury
a décidé d'examiner les canons soumis au concours à
4 points de vue différents : Sécurité, qualités de construction, qualités de fonctionnement, efficacité du tir. L'appréciation de cette dernière qualité très sujette à discussion devait être faite en mesurant l'effet dynamique
exercé par les pièces d'artillerie sur une cible mobile disposée à 20 mètres de la bouche des canons.

De ces diverses qualités à demander au matériel d'artillerie, l'une de celles qui intéressent le plus les viticulteurs
italiens est la sécurité du fonctionnement de ces appareils.

M. Pochetino chargé du rapport sur les tirs en Vénétie
a signalé dans cette seule région 78 blessés et 7 morts
pour la campagne de 1900. Un grand nombre d'accidents
sont dus à l'imprudence des artilleurs mais plusieurs
sont déterminés par la mauvaise qualité ou la disposition
défectueuse du matériel de tir.

TECHNIQUE DES APPAREILS ET DISCIPLINE DES TIRS

M. le Pr Roberto, rapporteur sur cette question
base essentiellement la technique du tir sur la destruction des tourbillons orageux par la force vive de l'anneau
projectile. Il recommande d'entourer le périmètre défendu par des canons de plus grande puissance (charge de
180 grammes). Les autres lignes de canons seront établies
avec des canons ordinaires (charge de 80 grammes).

Les canons doivent être placés à la distance de 600
mètres s'il s'agit d'une surface protégée de grande étendue;
mais si la défense est limitée à quelques canons la distance
de ces derniers devra être inférieure à 500 mètres.

Chaque groupe de stations aura une station chargée de donner le signal des tirs et quand le signal sera donné toutes les stations devront tirer alors même que quelques-unes jugeraient les tirs inutiles.

Les tirs commenceront quand les nuages seront voisins du Zénith et quand l'orage paraîtra se rapprocher avec plus de rapidité.

On commencera le tir à raison de 1 coup par minute et on accélérera le tir à mesure que l'orage se rapprochera ; mais même au moment du plus grand danger on ne devra pas tirer plus de 3 coups par minute. On ralentira le tir dès que la pluie commencera à tomber.

Les tirs se continueront à raison de 1 ou 2 par minute jusqu'à ce que la pluie tombe abondamment.

On observera attentivement s'il se forme un nouvel orage et dans ce cas les tirs reprendront avec plus de rapidité. Quand la pluie ira en diminuant sensiblement, il ne sera plus besoin de continuer le tir parce que l'axe du tourbillon orageux aura déjà à ce moment dépassé la station de tir.

QUESTIONS DIVERSES INTÉRESSANT LA PRATIQUE DES TIRS

Sur le rapport présenté par Mgr Scotton le congrès adopte l'ordre du jour suivant :

Que les associations de tir réalisent une sage économie en adoptant des canons simples et pratiques mais rejettent la fausse économie qui consiste à acheter des canons d'une construction imparfaite.

Qu'il soit tenu compte de la topographie et de la climatologie des diverses régions pour le choix des canons de plus petit ou de plus fort calibre afin de ne pas entraîner pour les syndicats des frais inutiles.

Qu'il s'établisse dans les diverses régions des stations organisées pour déterminer la puissance des canons et établir pour chacun d'eux la charge de meilleur rendement, que les associations de tir évitent le luxe inutile dans l'aménagement des cabanes-abris pour les artilleurs mais fassent le nécessaire pour éviter l'inflammation des poudres en réserve et la pénétration de la pluie.

Que les artilleurs soient plus ou moins rétribués suivant qu'ils sont propriétaires, fermiers, métayers ou simples ouvriers, qu'il soit contracté une assurance en faveur des ouvriers employés aux tirs mais que les associations ou les particuliers cherchent surtout à assurer la vie des ouvriers par l'adoption des canons qui présentent le plus de sécurité.

LA PRÉVISION DU TEMPS ET LES ORAGES A GRÊLE

M. Citadella Vigodarzère, président de la société météorologique italienne, après avoir rappelé l'imperfection actuelle du signalement des orages à grêle et la difficulté que présente leur prévision, fait adopter par le congrès l'ordre du jour suivant:

1° Que le gouvernement facilite le plus possible la transmission des dépêches météorologiques surtout vers les centres agricoles; que l'on cherche à relier par une ligne téléphonique les observatoires de plus grande altitude aux régions les plus voisines.

2° Qu'il soit établi une continuelle correspondance entre les associations grandinifuges et leurs observatoires les plus voisins afin de pouvoir en obtenir toutes les observations qui leur sont indispensables.

DÉDUCTIONS THÉORIQUES ET PROPOSITIONS PRATIQUES
RELATIVES AUX TIRS

M. le Pr Marangoni, de Florence, discute les conclusions déduites par MM. Pernter et Suschnig de leurs expériences et tendant à infirmer l'action du tore sur la destruction des nuages à grêle. Toutes les mesures faites en tir vertical pour estimer la portée du projectile gazeux (tore) sont basées sur la visibilité ou sur le sifflement de l'anneau ; mais il est certain que l'anneau projectile continue encore à monter après qu'il est devenu invisible et silencieux. M. Marangoni rapporte plusieurs observations relatives à la déformation des nuages par les tirs, indiquant pour le tore une portée très notablement supérieure à la limite de 300 mètres qui lui a été assignée par MM. Pernter et Suschnig.

M. Marangoni rapporte les résultats contradictoires donnés par des tirs pratiqués en vue de déterminer la chute de la pluie ou de prévenir les gelées de printemps. Il indique ensuite le programme d'une série d'expériences à réaliser pour arriver à déterminer les causes de l'efficacité des tirs contre la grêle et à perfectionner dans l'avenir l'application de cette nouvelle méthode de défense.

QUESTIONS ÉCONOMIQUES SOULEVÉES PAR LA PRATIQUE DES TIRS

La défense *obligatoire* par les tirs contre la grêle.

Le congrès, après avoir entendu le rapport de M. Schirati, ancien député au parlement italien, affirmant de nouveau la nécessité de dispositions législatives pour la constitution des syndicats de défense contre la grêle, invite le gouvernement à présenter de nouveau et d'*urgence* à la Chambre le projet de loi que la Commission parlementaire, d'accord avec le ministre de l'agriculture, a rédigé dans la 3e session de la xxe législature et fait des vœux pour que ce projet soit attentivement discuté et approuvé.

Le projet de loi propose de rendre la défense par les tirs obligatoire lorsque le syndicat a recueilli l'adhésion d'un groupe de propriétaires payant au moins la moitié de l'impôt foncier de la zone à protéger ou bien l'adhésion des 3/5 des propriétaires payant au moins les 2/5 de l'impôt foncier.

Diverses dispositions du même projet tempèrent la défense obligatoire en exigeant certaines garanties pour la spontanéité de l'organisation de la défense et en fixant une limite à la durée de l'association et aux frais qu'elle entraîne pour ses adhérents.

LA SÉCURITÉ DES ARTILLEURS ET LA LOI SUR LES ACCIDENTS DU TRAVAIL

Le congrès invite le gouvernement à introduire dans la *loi de sécurité publique* les dispositions opportunes pour assurer la vigilance des autorités politiques dans la fabrication, le commerce, l'usage et la détention des canons contre la grêle, le dépôt et l'emploi des matières explosives et le tir contre les nuages à grêle. Il exprime le désir qu'une réglementation simple, précise et brève favorise à la fois l'organisation de la défense contre la grêle et soit une garantie pour la sécurité publique et privée ; il demande qu'il soit introduit dans *la loi* sur *les accidents du travail* des dispositions qui fassent participer les personnes employées à la défense contre la grêle au bénéfice de la même loi.

SUPPRESSION DE LA TAXE DE FABRICATION SUR LES POUDRES

Le congrès fait des vœux pour qu'il ne soit établi aucune taxe sur les poudres qui doivent exclusivement servir aux canons grandinifuges.

LES TIRS CONTRE LA GRÊLE ET LES COMPAGNIES D'ASSURANCE

Contrairement à ce qui a lieu en France, un grand nombre de propriétaires italiens ont souscrit pour des sommes très importantes des contrats d'assurance pour la grêle avec des primes annuelles variant de 14 à 20 pour 100 du produit assuré. Quelques compagnies ont déjà consenti des réductions de 10 à 20 pour 100 des primes d'assurance pour les propriétaires faisant partie de l'association de tirs bien organisées et sur lesquelles l'efficacité de la défense s'était avantageusement affirmée.

Le rapporteur sur la XIe question : les tirs dans leurs rapports avec les compagnies d'assurances, l'honorable M. Rapeti résumant le sentiment d'une partie de l'assemblée a engagé les propriétaires à ne pas renouveler leurs polices d'assurances sans avoir obtenu des compagnies une réduction de 50 pour 100 et afin d'obtenir plus facilement l'adhésion des compagnies d'assurance à cette réduction, à préparer l'organisation d'une vaste Mutuelle étendue à toutes les régions du Nord de l'Italie où s'est introduite depuis ces deux dernières années la pratique des tirs.

Le congrès exprime ses remerciments à M. Rapeti pour son intéressant rapport ; mais, considérant que, en matière d'assurance avec ou sans la défense par les tirs, pour des raisons culturales ou économiques, les intérêts ou les habitudes des diverses régions représentées dans le congrès sont assez différentes, affirme la nécessité d'études ultérieures qui tiendront compte de ces faits, et délibère qu'en conformité avec ces conclusions il soit présenté un projet concret à la discussion de l'année prochaine.

CONCOURS D'APPAREILS DE TIRS

Une exposition de matériel de tir fort importante a eu lieu à Padoue à l'occasion du congrès.

84 canons de différents modèles ont pris part au concours organisé par le comité d'organisation du congrès.

Les pièces d'artillerie ont été examinées par le jury du concours au point de vue de leur sécurité, de leur construction technique, de leur fonctionnement et de la puissance du tir. Ces derniers essais devaient être poursuivis à l'aide de cibles spéciales plusieurs jours après la clôture du congrès. Parmi le matériel de tir exposé, l'un des canons les plus remarqués a été celui de MM. Maggiora et Blanchi fonctionnant sans poudre par l'explosion d'un mélange détonant à base d'acétylène. Le chargement et l'explosion de la charge de ce canon peuvent être provoqués à distance par une canalisation électrique et ce nouveau système a attiré, par la possibilité de la manœuvre simultanée de plusieurs pièces, l'attention d'un grand nombre de congressistes.

Plusieurs canons de grande puissance avec pavillon de 8 à 9 mètres et charge de 1 kilogramme de poudre ont été présentés à ce concours. Quelques-uns montés sur affût permettent le tir oblique vers les nuages orageux. L'exposition comprenait en outre divers modèles de cibles et de dispositifs dynamométriques pour apprécier la puissance du tir ou le recul des nouvelles pièces d'artillerie. Plusieurs officiers d'artillerie ont été délégués par le ministère de la guerre pour prêter leur concours au jury chargé de l'examen du matériel de tir.

BIBLIOGRAPHIE

OUVRAGES ET MÉMOIRES A CONSULTER

ANGOT. — *Traité élémentaire de météorologie*. Paris, 1899.
ARZIGNANO (Consorzio di). — *Difesa contro la grandine*. Arzignano, 1899.
BALBI et CANAVESI. — *Relatione sull' opera della commissione permanente per gli spari grandinifughi*. Asti, 1900.
BOCCHIO (G.). — *Gli spari contro la grandine*. Brescia, 1900.
BOLOGNE (Comice agraire de). — *Sull' opera della commissione speciale per i primi impianti di sparo contro i nembi grandinigeni*. Bologne, 1900.
BOMBICCI (L.). — *Riassunto della conferenza sugli esperimenti degli spari contro le nubi temporalesche grandinifuge*. Iéna, 1899.
  — *Pioggia artificiale ed artificiale diminuzione della intensita et dei danni della grandine*. Torino, 1891.
  — *Le piu recente idee nulla formazione delle grandinate*. Florence, 1890.
  — *Polemica per le grandinate*. Bologne, 1899.
  — *Sulla formazione della grandine et nella pratica degli spari*. Bologne, 1899.
  — *Intorno agli spari contro la grandine*. Roma, 1900.

CASALE (Congrès de). — *Gli spari contro la grandine, atti del 1º congresso dei consorzi di tiro tenutori in Casalmonferrato*, 6-7-8 novembre 1899.

CHABANNES (Comte de). — *La défense des vignes contre la grêle.* Cote. éditeur, Lyon, 1900.

CHATILLON (J.). — *Sociétés de défense contre la grêle, instructions.* Lyon, 1900.

COLLADON. — *Sur deux orages de grêle.* C. R. Acad. des Sciences, t. LXXXI, 1875.

— *Sur les origines du flux électrique des nuages orageux.* Paris, 1886.

— *Sur les tourbillons ascendants dans l'air et dans les liquides, réponse aux observations de M. Faye.* Paris, 1887.

CONEGLIANO (Fédération des Associations de tir de). — *Relazione per l'anno* 1899, avec 1 carte.

— (Fédération des Associations de tir de). — *Relazione per l'anno* 1900, avec 1 carte.

DUCLAUX. — *Cours de physique et de météorologie.* Paris, 1891.

DUFOUR (H.). — *Contribution à l'étude de l'électricité atmosphérique.* Lausanne, 1892.

FAYE. — *Sur la formation de la grêle.* C. R. Acad. des Sciences, t. LXXXI, 1875.

— *Nouvelle étude sur les tempêtes, cyclones, trombes et tornados.* Paris, 1897.

FOURNET. — *Note sur les orages du Sud-Est.* Annales des Sciences physiques et naturelles de la Société d'agriculture de Lyon, 1867.

— *Sur les relations des orages avec les points culminants des montagnes.* Annales des Sciences physiques et naturelles de la Société d'agriculture de Lyon, 1862.

GHELLINI (G.). — *Grandine è spari.* Conegliano, 1899.

GHELLINI, DURAND, CAORSI. — *Contributo allo studio dell' anello gassoso nei cannoni.* Stiger-Conegliano, 1900.

GHELLINI. — *Les tirs contre la grêle*, passim, in La Rivista Conegliano, 1900.

GUINAND (A.). — *Défense contre la grêle par les détonations*

d'artillerie. Rapport à l'Union du Sud-Est des Syndicats
agricoles. Grenoble, 1900.

Houdaille (F.). — *Météorologie agricole.* Paris, 1898.

     —   Rapport sur les tirs contre la grêle :
mission d'étude en Italie, in Bulletin du ministère de
l'agriculture, 1900.

Houdaille (P.). — *Rapport sur le Congrès international
des associations de tir tenu à Padoue, 25-27 novembre
1900*, in Bulletin du Ministère de l'agriculture, 1901.

Marangoni (C.). — *La difesa contro le brine primaverili.*
Florence, 1900.

     —   *Sui mezzi per combattere la grandine.*
Florence, 1899.

     —   *Fantasie sulla grandine.* Florence, 1899.

Mohn. — *Les phénomènes de l'atmosphère.*

Monde industriel. — *Dopo un anno di Esperimenti.*
Milan, 1900.

Montezemolo. — *Il problema degli spari contro la grandine*, in Bulletin du Comice agraire de Mondovi.

Ottavi (E.). — *Les tirs contre les orages à grêle.* Mâcon,
1899.

Palmieri. — *Lois et origines de l'électricité atmosphérique*,
1885.

Pernter et Trabert. — *Untersuchungen über das Wetterschiessen.* Vienne, 1900.

Plumandon. — *Formation des principaux hydrométéores.*
Paris, 1885.

Poey (A.). — *Comment on observe les nuages pour prévoir
le temps.* Paris, 1879.

Puig Soler (D.). — *El Granizo* in meteorologia dinamica,
1900.

Revelli (B.-A.). — *I cannoni contro la grandine.* Turin,
1900.

Roberto (G.). — *I vortici.* Turin, 1899.

     —   *La grandine e gli spari.* Savone, 1899.

Rubini. — *Difendiamoci della grandine* (Associazione
agraria friulana). Udine, 1900.

Schio (Comice agraire de). — *Mostra concorso di stru-
menti per la difesa contro la grandine.* Schio, 1900.

Scotton (G.). — *Sull' opportunita di fondare le stazioni di sparo contro le nubi grandinifere.* Breganze, 1900.

— *Dopo un anno et mezzo di esperimenti.* Breganze, 1900.

Scotton (G.). — *L'agricoltura è la sua difesa contro la grandine.* Journal mensuel. Breganze, 1900.

Société agraire de Lombardie. — *Concorso a premii fra consorzi di tiro contro la grandine.* Milan, 1900.

Suschnig (G.). — *Albert Stiger's Wetterschiessen in Steiermark.* Gratz, 1900.

— *Bericht über den Verlauf der zweiten internat. Wetterschiess Congresses,* in Padua, 1900.

Szutsek (R.). — *Das praktische Wetterschiessen.* Graz, 1900.

Tissandier. — *Les grêlons, orages du 21 mai 1891 en Auvergne,* in La Nature, 1891.

Vermorel. — *La grêle et la défense des récoltes.* Journal périodique mensuel. Villefranche, 1901.

— *Étude sur la grêle. Défense des récoltes par le tir du canon.*

— et Gastine. — *Sur les projectiles gazeux des canons proposés pour prévenir la formation de la grêle.* C. R. de l'Ac. des Sciences, novembre 1900.

Viala (P.). — *Les maladies de la vigne (lésions de la grêle),* p. 491.

Vicentini et Pacher. — *Esperienze sui projettili gazosi.* Venise, 1900.

Vicentini. — *Gli spari contro la grandine (nota).* Venise, 1900.

Weyher. — *Quelques expériences sur les tourbillons aériens.* C. R. de l'Ac. des Sciences, 1887.

Zampieri. — *Consorzio grandinifugo imolese Relazione ai consorziali è contributo al Wetterschiessen.* Bologne, 1900.

Zurcher. — *Les phénomènes de l'atmosphère.* (Paris, F. Alcan.)

TABLE DES MATIÈRES

CHARTRES. — IMPRIMERIE DURAND, RUE FULBERT.

Janvier 1901

ANCIENNE LIBRAIRIE GERMER BAILLIÈRE ET Cⁱᵉ

FÉLIX ALCAN, ÉDITEUR

108, Boulevard Saint-Germain, 108, Paris.

EXTRAIT DU CATALOGUE

SCIENCES — MÉDECINE — HISTOIRE — PHILOSOPHIE

BIBLIOTHÈQUE SCIENTIFIQUE INTERNATIONALE

Volumes in-8 en élégant cartonnage anglais. — Prix : 6 fr.

93 VOLUMES PARUS

1. J. TYNDALL. **Les glaciers et les transformations de l'eau,** 6ᵉ éd., illustré.
2. W. BAGEHOT. **Lois scientifiques du développement des nations,** 6ᵉ édition.
3. J. MAREY. **La machine animale,** locomotion terrestre et aérienne, 6ᵉ édition, illustré.
4. A. BAIN. **L'esprit et le corps considérés au point de vue de leurs relations,** 6ᵉ édition.
5. PETTIGREW. **La locomotion chez les animaux,** 2ᵉ éd., ill.
6. HERBERT SPENCER. **Introd. à la science sociale,** 12ᵉ édit.
7. OSCAR SCHMIDT. **Descendance et darwinisme,** 6ᵉ édition.
8. H. MAUDSLEY. **Le crime et la folie,** 6ᵉ édition.
9. VAN BENEDEN. **Les commensaux et les parasites dans le règne animal,** 4ᵉ édition, illustré.
10. BALFOUR STEWART. **La conservation de l'énergie,** 6ᵉ éd., illustré.
11. DRAPER. **Les conflits de la science et de la religion,** 10ᵉ éd.
12. Léon DUMONT. **Théorie scientifique de la sensibilité,** 4ᵉ éd.
13. SCHUTZENBERGER. **Les fermentations,** 6ᵉ édition, illustré.
14. WHITNEY. **La vie du langage,** 4ᵉ édition.
15. COOKE et BERKELEY. **Les champignons,** 4ᵉ éd., illustré.
16. BERNSTEIN. **Les sens,** 5ᵉ édition, illustré.
17. BERTHELOT. **La synthèse chimique,** 8ⁿ édition.
18. NIEWENGLOWSKI. **La photographie et la photochimie,** illustré.
19. LUYS. **Le cerveau et ses fonctions,** 7ᵉ édition, illustré.
20. W. STANLEY JEVONS. **La monnaie et le mécanisme de l'échange,** 5ᵉ édition.
21. FUCHS. **Les volcans et les tremblements de terre,** 5ᵉ éd.
22. GÉNÉRAL BRIALMONT. **La défense des États et les camps retranchés,** 3ᵉ édition, avec fig. (épuisé).
23. A. DE QUATREFAGES. **L'espèce humaine,** 13ᵉ édition.
24. BLASERNA et HELMHOLTZ. **Le son et la musique,** 5ᵉ éd.
25. ROSENTHAL. **Les muscles et les nerfs,** 3ᵉ édition (épuisé).
26. BRUCKE et HELMHOLTZ. **Principes scientifiques des beaux-arts,** 4ᵉ édition, illustré.

27. WURTZ. La théorie atomique, 8e édition.
28-29. SECCHI (Le Père). Les étoiles, 3e édition, illustré.
30. N. JOLY. L'homme avant les métaux, 4e édit. (épuisé).
31. A. BAIN. La science de l'éducation, 4e édition.
32-33. THURSTON. Histoire de la machine à vapeur. 3e éd.
34. R. HARTMANN. Les peuples de l'Afrique, 2e édit. (épuisé).
35. HERBERT SPENCER. Les bases de la morale évolution-
    niste, 6e édition.
36. Th.-H. HUXLEY. L'écrevisse, introduction à l'étude de la
    zoologie, 2e édition, illustré.
37. DE ROBERTY. La sociologie, 3e édition.
38. O.-N. ROOD. Théorie scientifique des couleurs et leurs
    applications à l'art et à l'industrie, 2e édition, illustré.
39. DE SAPORTA et MARION. L'évolution du règne végétal.
    Les cryptogames, illustré.
40-41. CHARLTON-BASTIAN. Le cerveau et la pensée. 2e éd.
    2 vol. illustrés.
42. JAMES SULLY. Les illusions des sens et de l'esprit, 3e éd., ill.
43. YOUNG. Le Soleil, illustré.
44. A. DE CANDOLLE. Origine des plantes cultivées, 4e édit.
45-46. J. LUBBOCK. Les Fourmis, les Abeilles et les Guêpes.
    2 vol. illustrés (épuisés).
47. Ed. PERRIER. La philos. zoologique avant Darwin, 3e éd.
48. STALLO. La matière et la physique moderne, 3e édition.
49. MANTEGAZZA. La physionomie et l'expression des senti-
    ments, 3e édit., illustré avec 8 pl. hors texte.
50. DE MEYER. Les organes de la parole, illustré.
51. DE LANESSAN. Introduction à la botanique. Le sapin.
    2e édit., illustré.
52-53. DE SAPORTA et MARION. L'évolution du règne
    végétal. Les phanérogames. 2 volumes illustrés.
54. TROUESSART. Les microbes, les ferments et les moisis-
    sures, 2e éd., illustré.
55. HARTMANN. Les singes anthropoïdes, illustré.
56. SCHMIDT. Les mammifères dans leurs rapports avec leurs
    ancêtres géologiques, illustré.
57. BINET et FÉRÉ. Le magnétisme animal, 4e éd., illustré.
58-59. ROMANES. L'intelligence des animaux. 2 vol., 2e éd.
60. F. LAGRANGE. Physiologie des exercices du corps. 7e éd.
61. DREYFUS. L'évolution des mondes et des sociétés. 3e éd.
62. DAUBRÉE. Les régions invisibles du globe et des espaces
    célestes, illustré, 2e édition.
63-64. SIR JOHN LUBBOCK. L'homme préhistorique. 4e édi-
    tion, 2 volumes illustrés.
65. RICHET (Ch.). La chaleur animale, illustré.
66. FALSAN. La période glaciaire, illustré (épuisé).
67. BEAUNIS. Les sensations internes.
68. CARTAILHAC. La France préhistorique, illustré. 2e éd.
69. BERTHELOT. La révolution chimique, Lavoisier, illustré.
70. SIR JOHN LUBBOCK. Les sens et l'instinct chez les ani-
    maux, illustré.
71. STARCKE. La famille primitive.

COLLECTION MÉDICALE

ÉLÉGANTS VOLUMES IN-12, CARTONNÉS A L'ANGLAISE, A 4 ET A 3 FRANCS

Le Phtisique et son traitement hygiénique, par le Dʳ E.-P. Léon-Petit, médecin de l'hôpital d'Ormesson, avec 20 gravures. 2ᵉ éd. 4 fr.
Couronné par l'Académie de médecine.

Hygiène de l'alimentation dans l'état de santé et de maladie, par le Dʳ J. Laumonier, avec gravures. 2ᵉ éd. 4 fr.

L'alimentation des nouveau-nés, *Hygiène de l'allaitement artificiel,* par le Dʳ S. Icard, avec 60 gravures, 2ᵉ édit. 4 fr.
Couronné par l'Académie de médecine.

La mort réelle et la mort apparente, nouveaux procédés de diagnostic et traitement de la mort apparente, par le Dʳ S. Icard, avec gravures. 4 fr.

L'hygiène sexuelle et ses conséquences morales, par le Dʳ S. Ribbing, professeur à l'Université de Lund (Suède). 4 fr.

Hygiène de l'exercice chez les enfants et les jeunes gens, par le Dʳ F. Lagrange, lauréat de l'Institut. 7ᵉ édit. 4 fr.

De l'exercice chez les adultes, par le Dʳ F. Lagrange. 4ᵉ édition. 4 fr.

Hygiène des gens nerveux, par le Dr LEVILLAIN. 4e édition, avec gravures.   4 fr.

L'idiotie. *Psychologie et éducation de l'idiot,* par le Dr J. VOISIN, médecin de la Salpêtrière, avec gravures.   4 fr.

La famille névropathique, *Hérédité, prédisposition morbide, dégénérescence,* par le D^r CH. FÉRÉ, médecin de Bicêtre, avec gravures. 2e éd.   4 fr.

L'éducation physique de la jeunesse, par A. Mosso, professeur à l'Université de Turin. Préface de M. le Commandant LEGROS.   4 fr.

Manuel de percussion et d'auscultation, par le Dr P. SIMON, professeur à la Faculté de médecine de Nancy, avec grav. 4 fr.

Éléments d'anatomie et de physiologie génitales et obstétricales, par le Dr A. POZZI, professeur à l'école de médecine de Reims, avec 219 gravures,   4 fr.

Manuel théorique et pratique d'accouchements, par le Dr A. POZZI, avec 138 gravures. 2e édition.   4 fr.

Le traitement des aliénés dans les familles, par le Dr FÉRÉ, médecin de Bicêtre. 2e édition.   3 fr.

Petit manuel d'antisepsie et d'asepsie chirurgicales, par les Drs FÉLIX TERRIER, professeur à la Faculté de médecine de Paris, membre de l'Académie de médecine, et M. PÉRAIRE, ancien interne des hôpitaux, assistant de consultation chirurgicale à l'hôpital Bichat, avec gravures.   3 fr.

Petit manuel d'anesthésie chirurgicale, par les mêmes, avec 37 gravures.   3 fr.

L'opération du trépan, par les mêmes, avec 222 grav.   4 fr.

Chirurgie de la face, par les Drs FÉLIX TERRIER, GUILLEMAIN et MALHERBE, avec gravures. .   4 fr.

Chirurgie du cou, par les mêmes, avec grav.   4 fr.

Chirurgie du cœur et du péricarde, par les Drs FÉLIX TERRIER et E. RAYMOND. 1 vol. in-12 avec 70 gravures, cartonné à l'anglaise.   3 fr.

Chirurgie de la plèvre et du poumon, par les mêmes, avec 67 figures.   4 fr.

Morphinisme et Morphinomanie, par le Dr PAUL RODET. 4 fr.
                    Couronné par l'Académie de médecine.

La fatigue et l'entraînement physique, par le D^r PH. TISSIÉ, avec gravures, préface de M. le prof. BOUCHARD.   4 fr.

Manuel d'hydrothérapie, par le Dr MACARIO.   3 fr.

Les maladies de la vessie et de l'urèthre chez la femme, par le Dr KOLISCHER, trad. de l'allemand par le Dr BEUTTNER, de Genève, avec gravures.   4 fr.

L'idiotie, par le Dr J. VOISIN, avec grav.   4 fr.

L'éducation rationnelle de la volonté, son emploi thérapeutique, par le Dr PAUL-EMILE LÉVY, préface de M. le prof. BERNHEIM. 2e éd.   4 fr.

L'instinct sexuel. *Évolution, dissolution,* par le D^r CH. FÉRÉ, médecin de Bicêtre.   4 fr.

La profession médicale. *Ses devoirs, ses droits,* par le Dr G. MORACHE, professeur de médecine légale à l'Université de Bordeaux.   4 fr.

MÉDECINE

Extrait du catalogue, par ordre de spécialités.

A. — Pathologie et thérapeutique médicales.

AXENFELD et HUCHARD. **Traité des névroses.** 2ᵉ édition, par HENRI HUCHARD. 1 fort vol. gr. in-8. . 20 fr.

BOUCHARDAT. **De la glycosurie ou diabète sucré**, son traitement hygiénique, 2ᵉ édition. 1 vol. grand in-8, suivi de notes et documents sur la nature et le traitement de la goutte, la gravelle urique, sur l'oligurie, le diabète insipide avec excès d'urée, l'hippurie, la pimélorrhée, etc. . 15 fr.

BOUCHUT et DESPRÉS. **Dictionnaire de médecine et de thérapeutique médicales et chirurgicales,** comprenant le résumé de la médecine et de la chirurgie, les indications thérapeutiques de chaque maladie, la médecine opératoire, les accouchements, l'oculistique, l'odontotechnie, les maladies d'oreilles, l'électrisation, la matière médicale, les eaux minérales, et un formulaire spécial pour chaque maladie. 6ᵉ édition, très augmentée. 1 vol. in-4, avec 1001 fig. dans le texte et 3 cartes. Br. 25 fr.; relié. 30 fr.

CORNIL et BABÈS. **Les bactéries et leur rôle dans l'anatomie et l'histologie pathologiques des maladies infectieuses.** 2 vol. in-8, avec 350 fig. dans le texte en noir et en couleurs et 12 pl. hors texte, 3ᵉ éd. entièrement refondue, 1890. 40 fr.

DAVID. **Les microbes de la bouche.** 1 vol. in-8 avec gravures en noir et en couleurs dans le texte. 10 fr.

DÉJERINE-KLUMPKE (Mᵐᵉ). **Des polynévrites et des paralysies et atrophies saturnines.** 1 vol. in-8. 1889. 6 fr.

DUCKWORTH (Sir Dyce). **La goutte**, son traitement. Trad. de l'anglais par le Dʳ RODET. 1 vol. gr. in-8 avec gr. dans le texte. 10 fr.

DURAND-FARDEL. **Traité des eaux minérales de la France** et de l'étranger, et de leur emploi dans les maladies chroniques, 3ᵉ édition. 1 vol. in-8. 10 fr.

FÉRÉ (Ch.). **Les épilepsies et les épileptiques.** 1 vol. gr. in-8 avec 12 planches hors texte et 67 grav. dans le texte. 1890. 20 fr.

FÉRÉ (Ch.). **La pathologie des émotions.** 1 vol. in-8. 1893. 12 fr.

FINGER (E.). **La blennorrhagie et ses complications.** 1 vol. gr. in-8 avec 36 grav. et 7 pl. hors texte. Traduit de l'allemand par le docteur HOGGE. 1894. 12 fr.

FINGER (E.). **La syphilis et les maladies vénériennes,** trad. de l'all. avec notes par les Dʳˢ SPILLMANN et DOYON. 1 vol. in-8, avec 5 planches hors texte. 2ᵉ édit. 1900. 12 fr.

FLEURY (Maurice de). **Introduction à la médecine de l'esprit,** 1 volume in-8. 6ᵉ éd. 1900. 7 fr. 50

GLÉNARD. **Les ptoses viscérales** (Estomac, Intestin, Reins, Foie, Rate.) 1 vol. gr. in-8, avec 224 fig. et 30 tableaux synoptiques. 20 fr.

HERARD, CORNIL et HANOT. **De la phtisie pulmonaire**, 1 vol. in-8, avec fig. dans le texte et pl. coloriées. 2° éd. 20 fr.
ICARD (S.). **La femme pendant la période menstruelle.** Étude de psychologie morbide et de médecine légale. In-8. 6 fr.
JANET (P.) et RAYMOND (F.). **Névroses et idées fixes.**
Tome I, par P. JANET. 1 vol. in-8 avec 92 gr. 12 fr.
Tome II, par F. RAYMOND et P. JANET. 1 vol. grand in-8 avec 97 gravures. 14 fr.
LAGRANGE (F.). **Les mouvements méthodiques et la « mécanothérapie ».** 1 vol. in-8 avec 55 gravures dans le texte. 10 fr.
MARVAUD (A.). **Les maladies du soldat**, étude étiologique, épidémiologique et prophylactique. 1 vol. grand in-8. 1894. 20 fr.
Ouvrage couronné par l'Académie des sciences.
MURCHISON. **De la fièvre typhoïde.** In-8, avec figures dans le texte et planches hors texte. 3 fr.
ONIMUS et LEGROS. **Traité d'électricité médicale.** 1 fort vol. in-8, avec 275 figures dans le texte. 2° édition. 17 fr.
RILLIET et BARTHEZ. **Traité clinique et pratique des maladies des enfants.** 3° édit., refondue et augmentée, par BARTHEZ et A. SANNÉ. Tome I, 1 fort vol. gr. in-8. 16 fr.
Tome II, 1 fort vol. gr. in-8. 14 fr.
Tome III terminant l'ouvrage, 1 fort vol. gr. in-8. 25 fr.
SOLLIER (Paul). **Genèse et nature de l'hystérie**, 2 forts vol. in-8. 1897. 20 fr.
VOISIN (J.). **L'épilepsie**, 1 vol. in-8. 1896. 6 fr.
WIDE (A). **Traité de gymnastique médicale suédoise**, trad. annot. et augm. par le D' BOURCART, 1 vol. in-8 avec 128 gravures. 1898. 12 fr. 50

B. — Pathologie et thérapeutique chirurgicales.

ANGER (Benjamin). **Traité iconographique des fractures et luxations.** 1 fort volume in-4, avec 100 planches coloriées, et 127 gravures dans le texte. 2° tirage. Relié. 150 fr.
Congrès français de chirurgie. Mémoires et discussions, publiés par MM. POZZI et PICQUÉ, secrétaires généraux :
1re, 2° et 3° sessions : 1885, 1886, 1888, 3 forts vol. gr. in-8, avec fig., chacun, 14 fr. — 4° session : 1889, 1 fort vol. gr. in-8, avec fig., 16 fr. — 5° session : 1891, 1 fort vol. gr. in-8, avec fig., 14 fr. — 6° session : 1892, 1 fort vol. gr. in-8, avec fig. 16 fr. — 7° session : 1893, 1 fort vol. gr. in-8, 18 fr. — 8°, 9°, 10°, 11° 12° et 13° sessions (1894-95-96-97-98-99), chacune. 20 fr.
DELORME. **Traité de chirurgie de guerre.** 2 vol. gr. in-8.
Tome I, avec 95 grav. dans le texte et 1 pl. hors texte. 16 fr.
Tome II, terminant l'ouvrage, avec 400 grav. dans le texte 26 fr.
Ouvrage couronné par l'Académie des sciences.
JAMAIN et TERRIER. **Manuel de pathologie et de clinique chirurgicales.** 3° édition. Tome I, 1 fort vol. in-18. 8 fr. — Tome II, 1 vol. in-18. 8 fr. — Tome III, avec la collaboration de MM. BROCA et HARTMANN, 1 vol. in-18. 8 fr. — Tome IV, avec la collaboration de MM. BROCA et HARTMANN, 1 vol. in-18. 8 fr.

LABADIE-LAGRAVE et LEGUEU. **Traité médico-chirurgical de gynécologie**, 2ᵉ éd. 1901. 1 vol. grand in-8 avec nombreuses grav., cart. à l'angl., 25 fr.

LIEBREICH. **Atlas d'ophtalmoscopie**, représentant l'état normal et les modifications pathologiques du fond de l'œil vues à l'ophtalmoscope. 3ᵉ édition, atlas in-f° de 12 planches. 40 fr.

MALGAIGNE ET LE FORT. **Manuel de médecine opératoire.** 9ᵉ édit. 2 vol. gr. in-18, avec nombreuses fig. dans le texte. 16 fr.

NÉLATON. **Éléments de pathologie chirurgicale**, par A. NÉLATON, membre de l'Institut, professeur de clinique à la Faculté de médecine, etc. Ouvrage complet en 6 volumes.
Seconde édition, complètement remaniée, revue par les Dʳˢ JAMAIN, PÉAN, DESPRÉS, GILLETTE et HORTELOUP, chirurgiens des hôpitaux. 6 forts vol. gr. in-8, avec 795 figures dans le texte. 32 fr.

NIMIER ET DESPAGNET. **Traité élémentaire d'ophtalmologie.** 1 fort vol. gr. in-8, avec 432 gr. Cart. à l'angl. 1894. 20 fr.

NIMIER ET LAVAL. **Les projectiles de guerre** et leur action vulnérante. 1 vol. in-12 avec grav. 3 fr.

— **Les explosifs, les poudres, les projectiles d'exercice,** leur action et leurs effets vulnérants. 1 vol. in-12 avec gravures. 3 fr.

— **Les armes blanches,** leur action et leurs effets vulnérants. 1 vol. in-12, avec gravures. 6 fr.

— **De l'infection en chirurgie d'armée,** évolution des blessures de guerre. 1 vol. in-12 avec grav. 6 fr.

RICHARD. **Pratique journalière de la chirurgie.** 1 vol. gr. in-8, avec 215 fig. dans le texte. 2ᵉ édit. 5 fr.

SOELBERG-WELLS. **Traité pratique des maladies des yeux.** 1 fort vol. gr. in-8, avec figures. 4 fr. 50

TERRIER. **Éléments de pathologie chirurgicale générale.**
1ᵉʳ fascicule : *Lésions traumatiques et leurs complications.* 1 vol. in-8. 7 fr.
2ᵉ fascicule : *Complications des lésions traumatiques. Lésions inflammatoires.* 1 vol. in-8. 6 fr.

C. — Thérapeutique. Pharmacie. Hygiène.

BOSSU. **Petit compendium médical.** 1 vol. in-32, 4ᵉ édit., cart. à l'anglaise. 1 fr. 25

BOUCHARDAT. **Nouveau formulaire magistral**, précédé d'une Notice sur les hôpitaux de Paris, de généralités sur l'art de formuler, suivi d'un Précis sur les eaux minérales naturelles et artificielles, d'un Mémorial thérapeutique, de notions sur l'emploi des contrepoisons et sur les secours à donner aux empoisonnés et aux asphyxiés. 1900, 32ᵉ édition, revue et corrigée. 1 vol. in-18, broché, 3 fr. 50 ; cartonné, 4 fr. ; relié. 4 fr. 50

BOUCHARDAT ET DESOUBRY. **Formulaire vétérinaire**, contenant le mode d'action, l'emploi et les doses des médicaments. 5ᵉ édit. 1 vol. in-18, br. 3 fr. 50, cart. 4 fr., relié. 4 fr. 50

BOUCHARDAT. **De la glycosurie ou diabète sucré**, son traitement hygiénique. 2ᵉ édition. 1 vol. grand in-8, suivi de notes et documents sur la nature et le traitement de la goutte, la gravelle urique, sur l'oligurie, le diabète insipide avec excès d'urée, l'hippurie, la pimélorrhée, etc. 15 fr.

BOUCHARDAT. **Traité d'hygiène publique et privée**, basée sur l'étiologie. 1 fort vol. gr. in-8. 3° édition, 1887.   18 fr.

LAGRANGE (F.). **La médication par l'exercice.** 1 vol. grand in-8, avec 68 grav. et une carte. 1894.   12 fr.

WEBER. **Climatothérapie**, traduit de l'allemand par les docteurs DOYON et SPILLMANN. 1 vol. in-8. 1886.   6 fr.

D. — Anatomie. Physiologie. Histologie.

BELZUNG. **Anatomie et physiologie végétales.** 1 fort volume in-8 avec 1700 gravures.   20 fr.

— **Anatomie et physiologie animales.** 1 fort volume in-8 avec 522 gravures dans le texte. 8° éd., revue. 6 fr., cart. 7 fr.

BÉRAUD (B.-J.). **Atlas complet d'anatomie chirurgicale topographique**, pouvant servir de complément à tous les ouvrages d'anatomie chirurgicale, composé de 109 planches représentant plus de 200 figures gravées sur acier, avec texte explicatif. 1 fort vol. in-4.

    Prix : fig. noires, relié, 60 fr. — Fig. coloriées, relié, 120 fr.

BURDON-SANDERSON, FOSTER et BRUNTON. **Manuel du laboratoire de physiologie**, traduit de l'anglais par M. MOQUIN-TANDON. 1 vol. in-8, avec 184 fig. dans le texte.   7 fr.

CORNIL, RANVIER, BRAULT et LETULLE. **Manuel d'histologie pathologique.** 3° éd. refondue. 4 vol. in-8, avec nombreuses fig. dans le texte. T. I, avec 369 grav. en noir et en couleurs. 25 fr.

DEBIERRE. **Traité élémentaire d'anatomie de l'homme.** Anatomie descriptive et dissection, avec notions d'organogénie et d'embryologie générales. Ouvrage complet en 2 volumes. 40 fr.

    Tome I, *Manuel de l'amphithéâtre*, 1 vol. in-8 de 950 pages avec 450 figures en noir et en couleurs dans le texte. 1890. 20 fr.

    Tome II et dernier : 1 vol. in-8 avec 515 figures en noir et en couleurs dans le texte.   20 fr.

    Ouvrage couronné par l'Académie des sciences.

FAU. **Anatomie des formes du corps humain**, à l'usage des peintres et des sculpteurs. 1 atlas in-folio de 25 planches. Prix : fig. noires, 15 fr. — Fig. coloriées.   30 fr.

LABORDE. **Les tractions rythmées de la langue**, traitement physiologique de la mort. 1 vol. in-12. 2° éd. 1897. 5 fr.

PREYER. **Éléments de physiologie générale.** Traduit de l'allemand par M. J. Soury. 1 vol. in-8.   5 fr.

PREYER. **Physiologie spéciale de l'embryon.** 1 vol. in-8, avec figures et 9 planches hors texte.   7 fr. 50

BIBLIOTHÈQUE
D'HISTOIRE CONTEMPORAINE

Volumes in-18 à 3 fr. 50. — Volumes in-8 à 5, 7 et 12 francs. — Cartonnage toile, 50 c. en plus par vol. in-18, 1 fr. en plus par vol. in-8.

EUROPE

HISTOIRE DE L'EUROPE PENDANT LA RÉVOLUTION FRANÇAISE, par *H. de Sybel*. Traduit de l'allemand par Mlle Dosquet. 6 vol. in-8 . . 42 fr.

HISTOIRE DIPLOMATIQUE DE L'EUROPE, DE 1815 A 1878, par *Debidour*.
2 vol. in-8 . . . . 18 fr.
LA QUESTION D'ORIENT, depuis ses origines jusqu'à nos jours, par
E. Driault, préface de *G. Monod*. 1 vol. in-8. 2ᵉ édit. . . . . 7 fr.

FRANCE

LA RÉVOLUTION FRANÇAISE, par *H. Carnot*. 1 vol. in-18. Nouv. édit. 3 50
LE CULTE DE LA RAISON ET LE CULTE DE L'ÈTRE SUPRÊME (1793-1794). Étude
historique par *Aulard*, 1 vol. in-18. . . . . 3 50
ÉTUDES ET LEÇONS SUR LA RÉVOLUTION FRANÇAISE, par *Aulard*. 2 vol.
in-18 . Chacun. 3 50
VARIÉTÉS RÉVOLUTIONNAIRES, par *M. Pellet*, 3 vol. in-18, chacun 3 50
LES CAMPAGNES DES ARMÉES FRANÇAISES (1792-1815), par *C. Vallaux*.
1 vol. in-12. . . . . 3 fr. 50
NAPOLÉON ET LA SOCIÉTÉ DE SON TEMPS, par *P. Bondois*. 1 vol. in-8. 7 fr.
HISTOIRE DE LA RESTAURATION, par *de Rochau*. 1 vol. in-18. . . . 3 50
HISTOIRE DE DIX ANS, par *Louis Blanc*. 5 vol. in-8. . . . . . . 25 fr.
HISTOIRE DU SECOND EMPIRE(1848-1870), par *Taxile Delord*. 6 vol. in-8. 42 fr.
HISTOIRE DU PARTI RÉPUBLICAIN (1814-1870), par *G. Weill*. 1 v. in-8. 10 fr.
HISTOIRE DE LA TROISIÈME RÉPUBLIQUE par *E. Zévort* :
   I. *Présidence de M. Thiers*. 1 vol. in-8. 2ᵉ édit. . . . . . 7 fr.
   II. *Présidence du Maréchal*. 1 vol. in-8. 2ᵉ édit. . . . . . 7 fr.
   III. *Présidence de Jules Grévy*. 1 vol. in-8. . . . . 7 fr.
   IV. *Présidence de Sadi-Carnot*. 1 vol. in-8. . . . . 7 fr.
HISTOIRE DE LA LIBERTÉ DE CONSCIENCE EN FRANCE (1595-1870), par
G. Bonet-Maury, 1 vol. in-8. . . . . 5 fr.
LES CIVILISATIONS TUNISIENNES (Musulmans, Israélites, Européens), par
Paul Lapie. 1 vol. in-8. . . . . 3 fr 50
HISTOIRE PARLEMENTAIRE DE LA DEUXIÈME RÉPUBLIQUE, par *Eug. Spuller*,
1 vol. in-18, 2ᵉ édit. 3 50
LA FRANCE POLITIQUE ET SOCIALE, par *Aug. Laugel*. 1 vol. in-8. 5 fr.
HISTOIRE DES RAPPORTS DE L'EGLISE ET DE L'ETAT EN FRANCE (1789-1870),
par *A. Debidour*. 1 vol. in-8º. . . . . 12 fr.
LES COLONIES FRANÇAISES, par *P. Gaffarel*. 1 vol. in-8, 6ᵉ éd . . . 5 fr.
LA FRANCE HORS DE FRANCE. *De notre émigration*, par *J.-B. Piolet*, ª. ᴊ.
1 vol. in-8. . . . . 10 fr.
L'INDO-CHINE FRANÇAISE, étude économique, politique et administrative
sur *la Cochinchine, le Cambodge, l'Annam et le Tonkin* (médaille Du-
pleix de la Société de Géographie commerciale), par *J.-L. de Lanessan*.
1 vol. in-8, avec 5 cartes en couleurs. . . . . 15 fr.
LA COLONISATION FRANÇAISE EN INDO-CHINE, par *J.-L. de Lanessan*, 1895,
1 vol. in-12, avec 1 carte hors texte. 3 50
L'ALGÉRIE, par *M. Wahl*. 1 vol. in-8, 3ᵉ édition. Ouvrage couronné par
l'Institut. . . . . 5 fr.
L'EMPIRE D'ANNAM ET LES ANNAMITES, par *J. Silvestre*. 1 vol. in-18 avec
carte. 3 50

ANGLETERRE

HISTOIRE CONTEMPORAINE DE L'ANGLETERRE, depuis la mort de la reine
Anne jusqu'à nos jours, par *H. Reynald*. 1 vol. in-18. 2ᵉ éd. . 3 50
LORD PALMERSTON ET LORD RUSSEL, par *Aug. Laugel*. 1 vol. in-18. 3 50
LE SOCIALISME EN ANGLETERRE, par *Albert Métin*. 1 vol. in-18. 3 50

ALLEMAGNE

HISTOIRE DE LA PRUSSE, depuis la mort de Frédéric II jusqu'à la ba-
taille de Sadowa, par *Eug. Véron*. 1 vol. in-18. 6ᵉ éd. revue par *Paul
Bondois*. 3 50
HISTOIRE DE L'ALLEMAGNE, depuis la bataille de Sadowa jusqu'à nos jours,
par *Eug. Véron*. 1 vol. in-18, 3ᵉ éd. continuée jusqu'en 1892, par
Paul Bondois. 3 50
L'ALLEMAGNE ET LA RUSSIE AU XIXᵉ SIÈCLE, par *Eug. Simon*. 1 vol.
in-18. . . . . 3 50

LE SOCIALISME ALLEMAND ET LE NIHILISME RUSSE, par *J. Bourdeau*. 1 vol.
in-18. 2ᵉ édition. 3 50
LES ORIGINES DU SOCIALISME D'ÉTAT EN ALLEMAGNE, par *Ch. Andler*. 1 vol.
in-8. . . . . 7 fr.
L'ALLEMAGNE NOUVELLE ET SES HISTORIENS. *Niebuhr, Ranke, Mommsen,
Sybel, Treitschke,* par *A. Guilland.* 1 vol. in-8. . . . . 5 fr.

AUTRICHE-HONGRIE

HISTOIRE DE L'AUTRICHE, depuis la mort de Marie-Thérèse jusqu'à nos
jours, par *L. Asseline.* 1 vol. in-18. 3ᵉ éd. 3 50
LES TCHÈQUES ET LA BOHÈME CONTEMPORAINE, par *J. Bourlier.* 1 vol.
in-18. . . . . 3 50
LES RACES ET LES NATIONALITÉS EN AUTRICHE-HONGRIE, par *B. Auerbach.*
1 vol. in-8. . . . . 5 fr.

ESPAGNE

HISTOIRE DE L'ESPAGNE, depuis la mort de Charles III jusqu'à nos jours,
par *H. Reynald.* 1 vol. in-18 . . . . 3 50

RUSSIE

HISTOIRE CONTEMPORAINE DE LA RUSSIE, depuis la mort de Paul 1ᵉʳ
jusqu'à l'avènement de Nicolas II, par *M. Créhange.* 1 vol. in-18,
2ᵉ éd. 3 50

SUISSE

HISTOIRE DU PEUPLE SUISSE, par *Daendliker,* précédée d'une Introduction
par *Jules Favre.* 1 vol. in-8. . . . . 5 fr.

AMÉRIQUE

HISTOIRE DE L'AMÉRIQUE DU SUD, par *Alf. Deberle.* 1 vol. in-18. 3ᵉ éd., revue
par *A. Milhaud.* 1897. . . . . 3 50

ITALIE

HISTOIRE DE L'UNITÉ ITALIENNE (1815-1870), par *Bolton King.* Traduit
de l'anglais, introduction de Yves Guyot. 2 vol. in-8. . . . . 15 fr.
HISTOIRE DE L'ITALIE, depuis 1815 jusqu'à la mort de Victor-Emmanuel,
par *E. Sorin.* 1 vol. in-18 . . . . 3 50
BONAPARTE ET LES RÉPUBLIQUES ITALIENNES (1796-1799), par *P. Gaffarel,*
1 vol. in-8 . . . . 5 fr.

ROUMANIE

HISTOIRE DE LA ROUMANIE CONTEMPORAINE (1822-1900), par *F. Damé.*
1 vol. in-8. . . . . 7 fr.

GRÈCE et TURQUIE

LA TURQUIE ET L'HELLÉNISME CONTEMPORAIN, par *V. Bérard.* 1 vol. in-18.
4ᵉ éd. *Ouvrage couronné par l'Académie française.* 3 50
BONAPARTE ET LES ILES IONIENNES (1797-1816), par *E. Rodocanachi.*
1 vol. in-8. . . . . 5 fr.

CHINE

LA POLITIQUE CHINOISE (1860-1900), par *H. Cordier.* 1 vol. in-8 (*Sous presse*).

E. Driault. LES PROBLÈMES POLITIQUES ET SOCIAUX A LA FIN DU
XIXᵉ SIÈCLE. 1 vol. in-8. . . . . 7 fr.
Jules Barni. HISTOIRE DES IDÉES MORALES ET POLITIQUES EN FRANCE
AU XVIIIᵉ SIÈCLE. 2 vol. in-18, chaque volume 3 50
— LES MORALISTES FRANÇAIS AU XVIIIᵉ SIÈCLE. 1 vol. in-18. . . 3 50
E. de Laveleye. LE SOCIALISME CONTEMPORAIN. 1 volume in-18,
11ᵉ édition, augmentée. 3 50
E. Despois. LE VANDALISME RÉVOLUTIONNAIRE. 1 vol. in-18. 2ᵉ éd. 3 50
Eug. Spuller. FIGURES DISPARUES, portraits contemporains, littéraires
et politiques. 3 vol. in-18, chaque vol. 3 50
Eug. Spuller. L'ÉDUCATION DE LA DÉMOCRATIE. 1 vol. in-18. . 3 50
Eug. Spuller. L'ÉVOLUTION POLITIQUE ET SOCIALE DE L'ÉGLISE. 1 vol.
in-18. . . . . 3 50

G. Schefer. Bernadotte roi (1810-1814-1844). 1 vol. in-8. . 5 fr.
C. Guéroult. Le centenaire de 1789. Évolution politique, philoso-
phique, artistique et scientifique de l'Europe depuis cent ans. 1 vol.
in-18. . . . . 3 50
Joseph Reinach. Pages républicaines. 1 vol. in-18. . . . . . 3 50
Hector Depasse. Transformations sociales. 1 vol. in-18 . . 3 50
Hector Depasse. Du travail et de ses conditions, 1 vol.
in-18 . . . . 3 50
Eug. d'Eichthal. Souveraineté du peuple et gouvernement, 1 vol.
in-18. . . . . 3 50
G. Isambert. La vie a Paris pendant une année de la Révolution
(1791-1792). 1 vol. in-18. . . . . 3 50
G. Weill. L'École Saint-Simonienne. 1 vol. in-18 . . . . 3 50
A. Lichtenberger. Le Socialisme utopique. 1 vol. in-18. . 3 50
— Le Socialisme et la Révolution française. 1 vol. in-8. . . 5 fr.
Paul Matter. La dissolution des Assemblées parlementaires,
1 vol. in-8. . . . . 5 fr.

BIBLIOTHÈQUE DE PHILOSOPHIE
CONTEMPORAINE

VOLUMES IN-12.

Br., 2 fr. 50; cart. à l'angl., 3 fr.; reliés, 4 fr.

H. Taine.
L'idéalisme anglais, étude sur
Carlyle.
Philosophie de l'art dans les Pays-
Bas. 2e édition.

Paul Janet.
Origines du socialisme contempo-
rain. 3e éd.
La philosophie de Lamennais.

Alaux.
Philosophie de Victor Cousin.

Ad. Franck.
Philosophie du droit pénal. 4e édit.
Des rapports de la religion et de
l'État. 2e édit.
La philosophie mystique en France
au xviiie siècle.

Beaussire.
Antécédents de l'hégélianisme dans
la philosophie française.

Charles de Rémusat.
Philosophie religieuse.

Émile Saisset.
L'âme et la vie.

Auguste Laugel.
L'Optique et les Arts.

Camille Selden.
La Musique en Allemagne.

Mariano.
La Philosophie contemp. en Italie.

Stuart Mill.
Auguste Comte et la philosophie
positive. 4e édition.
L'Utilitarisme. 2e édition.

Saigey.
La Physique moderne. 2e tirage.

E. Faivre.
De la variabilité des espèces.

Ernest Bersot.
Libre philosophie.

Herbert Spencer.
Classification des sciences. 6e édit.
L'individu contre l'État. 4e éd.

Bertauld.
De la philosophie sociale.

Th. Ribot.
La philos. de Schopenhauer. 8e éd.
Les maladies de la mémoire. 13e éd.
Les maladies de la volonté. 15e éd.
Les maladies de la personnalité. 8e éd.
La psychologie de l'attention. 5e éd.

E. de Hartmann.
La Religion de l'avenir. 4e édition.
Le Darwinisme. 5e édition.

Schopenhauer.
Le libre arbitre. 8e édition.
Le fondement de la morale. 7e édit.
Pensées et fragments. 14e édition.

Marion.
J. Locke, sa vie, son œuvre. 2e édit.

Liard.
Les Logiciens anglais contemporains. 3° édition.
Définitions géométriques. 2° édit.

O. Schmidt.
Les sciences naturelles et la philosophie de l'inconscient.

A. Espinas.
Philosophie expérim. en Italie.

John Lubbock.
Le bonheur de vivre. 2 vol. 5° éd.
L'emploi de la vie. 2° édit.

Maus.
La justice pénale.

A. Lévy.
Morceaux choisis des philos. allem.

Roisel.
De la substance.
L'idée spiritualiste.

Zeller.
Christ. Baur et l'école de Tubingue.

Stricker.
Du langage et de la musique.

Coste.
Les conditions sociales du bonheur et de la force. 3° édition.

Binet.
Psychologie du raisonnement. 2° éd.

G. Ballet.
Langage intérieur et aphasie. 2° éd.

Mosso.
La peur. 2° éd.
La fatigue intellect. et phys. 2° éd.

Tarde.
La criminalité comparée. 4° éd.
Les transformations du droit. 2° éd.
Les lois sociales. 2° édit.

Paulhan.
Les phénomènes affectifs. 2° édit.
J. de Maistre, sa philosophie.
Psychologie de l'invention.

Ch. Richet.
Psychologie générale. 4° éd.

Delbœuf.
Matière brute et matière vivante.

Ch. Féré.
Sensation et mouvement. 2° édit.
Dégénérescence et criminalité. 3° éd.

Vianna de Lima.
L'homme selon le transformisme.

L. Arréat.
La morale dans le drame, l'épopée et le roman. 2° édition.
Mémoire et imagination (peintres, musiciens, poètes et orateurs).
Les croyances de demain.
Dix ans de philosophie (1890-1900).

De Roberty.
L'inconnaissable.
L'agnosticisme. 2° édit.
La recherche de l'Unité.
Auguste Comte et H. Spencer. 2° éd.
Le bien et le mal.
Psychisme social.
Fondements de l'éthique.
Constitution de l'éthique.

Bertrand.
La psychologie de l'effort.

Guyau.
La genèse de l'idée de temps. 2° éd.

Lombroso.
L'anthropologie criminelle. 4° éd.
Nouvelles recherches de psychiatrie et d'anthropologie criminelle.
Les applications de l'anthropologie criminelle.

Thamin.
Éducation et positivisme. 2° éd.

Pioger.
Le monde physique.

Queyrat.
L'imagination chez l'enfant. 2° édit.
L'abstraction, son rôle dans l'éducation intellectuelle.
Les caractères et l'éducation morale.

G. Lyon.
La philosophie de Hobbes.

Wundt.
Hypnotisme et suggestion.

Fonsegrive.
La causalité efficiente.

Carus.
La conscience du moi.

G. de Greef.
Les lois sociologiques. 2° édit.

Th. Ziegler.
La question sociale est une question morale. 2° éd.

G. Danville.
La psychologie de l'amour. 2° édit.

Gust. Le Bon.
Lois psychologiques de l'évolution des peuples 4° éd.
La psychologie des foules. 5° éd.

G. Dumas.
Les états intellectuels dans la mélancolie. 2° édit.

E. Durkheim.
Les règles de la méthode sociologique. 2° édit.

P.-F. Thomas.
La suggestion, son rôle dans l'éducation intellectuelle. 2° édit.
Morale et éducation.

Mario Pilo.
La psychologie du beau et de l'art.
Dunan.
Théorie psychol. de l'espace.
Lechalas.
Étude sur l'espace et le temps.
R. Allier.
Philosophie d'Ernest Renan.
Lange.
Les émotions.
G. Lefèvre.
Obligation morale et idéalisme.
C. Bouglé.
Les sciences sociales en Allemagne.
E. Boutroux.
Conting. des lois de la nature. 3e éd.
J. Lachelier.
Du fondement de l'induction. 3e éd.
J.-L. de Lanessan.
Morale des philosophes chinois.
Max Nordau.
Paradoxes psychologiques. 3e éd.
Paradoxes sociologiques. 3e édit.
Psycho-physiologie du génie et du talent. 2e éd.
Marie Jaëll.
La musique et la psycho-physiologie.
G. Richard.
Le socialisme et la science sociale.
L. Dugas.
Le psittacisme et la pensée symbo-
La timidité. 2e édit.   [lique.
Flerens-Gevaert.
Essai sur l'art contemporain.
La tristesse contemporaine. 3e éd.
F. Le Dantec.
Le déterminisme biologique.
L'individualité et l'erreur individua-
Lamarckiens et darwiniens. [liste.
L. Danriac.
La psychol. dans l'Opéra français.
A. Cresson.
La morale de Kant.
P. Regnaud.
Précis de logique évolutionniste.
Comment naissent les mythes.
E. Ferri.
Les criminels dans l'art et la littér.

Novicow.
L'avenir de la race blanche.
R. C. Herckenrath.
Probl. d'esthétique et de morale.
G. Milhaud.
Essai sur les conditions et les li-
mites de la certitude logique.
Le Rationnel.
F. Pillon.
La philosophie de Charles Secrétan.
G. Renard.
Le régime socialiste. 2e édit.
H. Lichtenberger.
La philosophie de Nietzsche. 5e éd.
Aphorismes et fragments choisis
de Nietzsche.
E. d'Eichthal.
Correspondance inédite de J.
Stuart Mill avec G. d'Eichthal.
Les probl. sociaux et le socialisme.
Mme Lamperière.
Le rôle social de la femme.
M. de Fleury.
L'âme du criminel.
Ossip-Lourié.
Pensées de Tolstoï.
Philosophie de Tolstoï.
La philos. soc. dans le théât. d'Ibsen.
Lapie.
La justice par l'État.
T. Wechniakoff.
Savants, penseurs et artistes.
L. Marguery.
L'œuvre d'art et l'évolution.
Hervé Blondel.
Les approximations de la vérité.
Mauxion.
L'éducation par l'instruction et les
théories pédagogiques de Herbart.
Duprat.
Les causes sociales de la folie.
Bergson.
Le rire. 2e édit.
Tanon.
L'évolution du droit et la conscience
sociale.
Brunschvicg.
Introduction à la vie de l'esprit.

VOLUMES IN-8

Brochés, à 3, 7 50 et 10 fr.; cart. angl., 1 fr. de plus par vol.; reliure, 2 fr.

Agassiz.
De l'espèce et des classifications. 5 fr.
Stuart Mill.
Mes mémoires. 3e éd.   5 fr.
Système de logique déductive et
inductive. 4e édit. 2 vol.   20 fr.
Essais sur la Religion. 2e édit. 5 fr.

Herbert Spencer.
Les premiers principes. 8e éd. 10 fr.
Principes de psychologie. 2 vol. 20 fr.
Principes de biologie. 2 vol. 20 fr.
Princip. de sociol. 4 vol.   36 fr. 25
Essais sur le progrès. 5e éd.   7 fr. 50
Essais de politique. 4e éd.   7 fr. 50

Herbert Spencer.

Essais scientifiques. 3° éd. 7 fr. 50
De l'éducation physique, intellec-
tuelle et morale. 10° édit. 5 fr.
(V. *Bibl. sc. intern.*, p. 1 et 2).

Collins.

Résumé de la philosophie de Herbert Spencer. 3° éd. 10 fr.

Émile Saigey.

Les sciences au XVII° siècle. La
physique de Voltaire. 5 fr.

Paul Janet.

Les causes finales. 3° édit. 10 fr.
OEuvres philosophiques de Leibnitz.
2 vol. 20 fr.
Victor Cousin, son œuvre. 7 fr. 50

Th. Ribot.

L'hérédité psycholog. 5° éd. 7 fr. 50
La psychologie anglaise contem-
poraine. 3° éd. 7 fr. 50
La psychologie allemande contem-
poraine. 4° éd. 7 fr. 50
La psychologie des sentiments.
3° éd. 7 fr. 50
L'évolution des idées générales. 5 fr.
L'imagination créatrice. 5 fr.

Alf. Fouillée.

La liberté et le déterminisme. 7 fr. 50
Critique des systèmes de morale
contemporains. 4° éd. 7 fr. 50
La morale, l'art et la religion d'a-
près Guyau. 4° éd. 3 fr. 75
L'avenir de la métaphysique fondée
sur l'expérience. 2° édit. 5 fr.
L'évolutionnisme des idées-forces.
7 fr. 50
La psychologie des idées-forces.
2 vol. 15 fr.
Tempérament et caractère. 7 fr. 50
Le mouvement idéaliste. 7 fr. 50
Le mouvement positiviste. 7 fr. 50
Psych. du peuple français. 7 fr. 50
La France au point de vue moral.
7 50

Bain (Alex.).

La logique inductive et déductive.
3° édit. 20 fr.
Les sens et l'intelligence. 3° édit.
10 fr.
Les émotions et la volonté. 10 fr.

Matthew Arnold.

La crise religieuse. 7 fr. 50

Flint.

La philosophie de l'histoire en Allemagne. 7 fr. 50

Liard.

La science positive et la métaphysique. 4° édit. 7 fr. 50
Descartes. 5 fr.

Guyau.

La morale anglaise contemporaine.
4° éd. 7 fr. 50
Les problèmes de l'esthétique con-
temporaine. 6° éd. 5 fr.
Esquisse d'une morale sans obli-
gation ni sanction. 5° éd. 5 fr.
L'irréligion de l'avenir. 7° éd. 7 fr. 50
L'art au point de vue sociol. 7 fr. 50
Hérédité et éducation. 5° éd. 5 fr.

E. Naville.

La logique de l'hypothèse. 2° éd. 5 fr.
La physique moderne. 2° édit. 5 fr.
La définition de la philosophie. 5 fr.
Les philosophies négatives. 5 fr.

Marion.

La solidarité morale. 5° édit. 5 fr.

Schopenhauer.

Aphorismes sur la sagesse dans la
vie. 6° édit. 5 fr.
La quadruple racine du principe
de la raison suffisante. 5 fr.
Le monde comme volonté et repré-
sentation. 3 vol. 3° éd. 22 fr. 50

James Sully.

Le pessimisme. 2° éd. 7 fr. 50
Études sur l'enfance. 10 fr.

Buchner.

Science et nature. 2° édition. 7 fr. 50

Louis Ferri.

La psychologie de l'association, depuis Hobbes. 7 fr. 50

Séailles.

Ess. sur le génie dans l'art. 2° éd. 5 fr.

Preyer.

Éléments de physiologie. 5 fr.
L'âme de l'enfant. 10 fr.

Ad. Franck.

La philosophie du droit civil. 5 fr.

Clay.

L'alternative. Contribution à la psychologie. 2° éd. 10 fr.

Bernard Perez.

Les trois premières années de l'enfant. 5° édit. 5 fr.
L'enfant de trois à sept ans. 5 fr.
L'éducation morale dès le berceau.
3° édit. 5 fr.
L'éducation intellectuelle dès le
berceau. 5 fr.

Lombroso.

La femme criminelle et la prosti-
tuée (en collaboration avec
M. Ferrero). 1 vol. in-8 avec
planches. 15 fr.

Ludovic Carrau.

La philosophie religieuse en Angleterre depuis Locke. 5 fr

Lombroso.

Le crime politique et les révolutions (en collaboration avec M. Laschi). 2 vol.   15 fr.

L'homme criminel. 2 vol. avec atlas.   36 fr.

Sergi.

La psychologie physiologiq. 7 fr. 50

Piderit.

La mimique et la physiognomonie, avec 95 fig.   5 fr.

Fonsegrive.

Le libre arbitre. 3e éd.   10 fr.

Roberty (E. de).

L'ancienne et la nouvelle philosophie.   7 fr. 50

La philosophie du siècle.   5 fr.

Garofalo.

La criminologie. 4e édit.   7 fr. 50

La superstition socialiste.   5 fr.

G. Lyon.

L'idéalisme en Angleterre au XVIIIe siècle.   7 fr. 50

Souriau.

L'esthétique du mouvement.   5 fr.

La suggestion dans l'art.   5 fr.

Fr. Paulhan.

L'activité mentale et les éléments de l'Esprit.   10 fr.

Esprits logiques et esprits faux.   7 fr. 50

Barthélemy Saint-Hilaire.

La philosophie dans ses rapports avec les sciences et la religion. 5 fr.

Pierre Janet.

L'automatisme psychologique. 3e édit.   7 fr. 50

Bergson.

Essai sur les données immédiates de la conscience. 2e édit. 3 fr. 75

Matière et mémoire.   5 fr.

E. de Laveleye.

De la propriété et de ses formes primitives. 5e édit.   10 fr.

Le gouvernement dans la démocratie. 3e éd., 2 vol.   15 fr.

Ricardou.

De l'idéal.   5 fr.

Romanes.

L'évol. ment. chez l'homme. 7 fr. 50

Pillon.

L'année philosophique. 9 vol. : 1890, 1891, 1892, 1893, 1894, 1895, 1896, 1897, 1898, 1899. Séparém.   5 fr.

Brunschvicg.

Spinoza.   3 fr. 75

La modalité du jugement   5 fr.

Picavet.

Les idéologues.   10 fr.

Gurney, Myers et Podmore

Les hallucinations télépathiques. 3e éd.   7 fr. 50

Arréat.

Psychologie du peintre.   5 fr.

L. Proal.

Le crime et la peine. 3e éd.   10 fr.

La criminalité politique.   5 fr.

Le crime et le suicide passionnel.   10 fr.

G. Hirth.

Physiologie de l'art.   5 fr.

Dewaule.

Condillac et la psychologie anglaise contemporaine.   5 fr.

Bourdon.

L'expression des émotions et des tendances dans le langage. 5 fr.

L. Bourdeau.

Le problème de la mort. 3e éd. 5 fr.

Le problème de la vie.   7 fr. 50

Novicow.

Les luttes entre soc. humaines. 10 fr.

Les gaspill. des soc. modernes. 5 fr.

Durkheim.

De la div. du trav. soc. 2e éd. 7 fr. 50

Le suicide, étude sociale.   7 fr. 50

L'année sociologique 1re 2e et 3e années (1897-1898-1899), chac. 10 fr.

Payot.

L'éducation de la volonté. 11e éd. 5 fr.

De la croyance.   5 fr.

Ch. Adam.

La philosophie en France (première moitié du XIXe siècle).   7 fr. 50

H. Oldenberg.

Le Bouddha, sa vie, sa doctrine, sa communauté. 2e éd.   7 fr. 50

J. Ploger.

La vie et la pensée.   5 fr.

La vie sociale, la morale et le progrès.   5 fr.

Max Nordau.

Dégénérescence. 2 v. 5e éd. 17 fr. 50

Les mensonges conventionnels de notre civilisation. 2e éd.   5 fr.

P. Aubry.

La contag. du meurtre. 3e éd. 5 fr.

Fr. Martin.

La perception extérieure et la science positive.   5 fr.

A. Godfernaux.

Le sentiment et la pensée.   5 fr.

Em. Boirac.

L'idée de phénomène.   5 fr.

Coulommiers. — Imp. PAUL BRODARD. — 1215-1900.

FÉLIX ALCAN, ÉDITEUR

DU MÊME AUTEUR

Minéralogie agricole. 1900. 1 vol. in-12 avec 107 grav. dans le texte. 3 50

AUTRES OUVRAGES SUR L'AGRICULTURE

BERGET, professeur agrégé de l'Université, conseiller de la Société des viti-
culteurs de France. **La viticulture nouvelle.** 2e éd. 1 vol. in-32 de la
Bibliothèque utile. Broché, 0 fr. 60. Cartonné.................... 1 »
— **La pratique des vins.** 1 vol. in-32 de la *Bibliothèque utile*, avec gravures.
Broché, 0 fr. 60. Cartonné.................................... 1 »
— **Les vins de France.** 1 vol. in-32 de la *Bibliothèque utile*, avec gravures
et cartes. Broché, 0 fr. 60. Cartonné......................... 1 »
BELZUNG, professeur agrégé des sciences naturelles au lycée Charlemagne.
Anatomie et physiologie végétales. 1 fort volume in-8 avec
1700 gravures.. 20 »

BIBLIOTHÈQUE SCIENTIFIQUE INTERNATIONALE
BOTANIQUE

Introduction à l'étude de la botanique (*Le sapin*), par J. DE LANESSAN,
professeur agrégé à la Faculté de médecine de Paris, ancien gouverneur
général de l'Indo-Chine, député. 1 vol. in-8 avec 103 gravures dans le
texte, 2e édition.. 6 »
L'évolution du règne végétal, par G. DE SAPORTA, correspondant de l'Institut, et MARION, professeur à la Faculté des sciences de Marseille.

    I. *Les Cryptogames.* 1 volume in-8 avec 85 gravures dans le texte............ 6 »
    II. *Les Phanérogames.* 2 volumes in-8 avec 136 gravures dans le texte.......... 12 »

Les végétaux et les milieux cosmiques (*adaptation, évolution*), par
J. COSTANTIN, maître de conférences à l'École normale supérieure. 1 volume
in-8 avec 171 gravures dans le texte........................ 6 »
La nature tropicale, par *le même.* 1 vol. in-8 avec 166 grav. dans le texte. 6 »
L'origine des plantes cultivées, par A. DE CANDOLLE, correspondant de
l'Institut. 1 volume in-8, 4e édition........................ 6 »
Les Champignons par COOKE et BERKELEY. 1 volume in-8 avec 110 gravu-
res, 4e édition.. 6 »

GÉOLOGIE

La géologie expérimentale, par STANISLAS MEUNIER, professeur au Mu-
séum d'histoire naturelle. 1 vol. in-8 avec 51 gravures dans le texte.. 6 »
La géologie comparée, par *le même.* 1 vol. in-8 avec 35 grav. dans le texte. 6 »
Les régions invisibles du globe et des espaces célestes, par A. DAU-
BRÉE, membre de l'Institut. 1 vol. in-8 avec 89 gravures, 2e édition.. 6 »
Les volcans et les tremblements de terre, par FUCHS, professeur à
l'Université de Heidelberg. 1 volume in-8 avec 36 gravures et une carte en
couleurs, 6e édition.................................... 6 »
Le pétrole, le bitume et l'asphalte, par A. JACCARD, professeur de géo-
logie à l'Académie de Neuchâtel. 1 vol. in-8 avec 70 grav. dans le texte. 6 »

Notions de paléontologie animale (*Baccalauréats des enseignements clas-
sique et moderne, écoles nationales d'agriculture, cours supérieurs de jeunes
filles,* par E. BELZUNG, professeur agrégé des sciences naturelles au lycée
Charlemagne. 1 vol. in-8 avec 205 gravures dans le texte............ 1 »
Cours élémentaire de géologie (*à l'usage des candidats aux écoles nationales d'agriculture et des élèves des écoles normales primaires*), par *le même.*
1 vol. in-12 avec 279 gravures dans le texte, et 1 carte coloriée hors texte.
3e édition revue, cartonné à l'anglaise...................... 2 50
Anatomie et physiologie animales (*Classes de philosophie, de mathéma-
tiques élémentaires et de première*), par *le même.* 1 vol. in-8 avec 630 gravures dans le texte, 8e édition augmentée, broché................. 6 »
Cartonné à l'anglaise.................................. 7 »

Coulommiers. — Imp. PAUL BRODARD. — 295-1901.

www.ingramcontent.com/pod-product-compliance
Lightning Source LLC
Chambersburg PA
CBHW060339200326
41519CB00011BA/1979